U0670358

中国应急教育与校园安全发展报告

Annual Report on Education for Emergency and
Campus Safety 2022

主　编　高　山
副主编　张桂蓉

2022

中国社会科学出版社

图书在版编目（CIP）数据

中国应急教育与校园安全发展报告 . 2022 ／高山主编 . —北京：中国社会科学
出版社，2022.10
ISBN 978 - 7 - 5227 - 0807 - 2

Ⅰ . ①中… 　 Ⅱ . ①高… 　 Ⅲ . ①安全教育—研究报告—中国—2022 　 Ⅳ . ①X925

中国版本图书馆 CIP 数据核字（2022）第 153157 号

出 版 人	赵剑英	
责任编辑	王　琪	
责任校对	杜若普	
责任印制	王　超	

出　　版	中国社会科学出版社	
社　　址	北京鼓楼西大街甲 158 号	
邮　　编	100720	
网　　址	http://www.csspw.cn	
发 行 部	010 - 84083685	
门 市 部	010 - 84029450	
经　　销	新华书店及其他书店	

印　　刷	北京明恒达印务有限公司	
装　　订	廊坊市广阳区广增装订厂	
版　　次	2022 年 10 月第 1 版	
印　　次	2022 年 10 月第 1 次印刷	

开　　本	710×1000　1/16	
印　　张	14.5	
插　　页	2	
字　　数	231 千字	
定　　价	78.00 元	

凡购买中国社会科学出版社图书，如有质量问题请与本社营销中心联系调换
电话：010 - 84083683
版权所有　侵权必究

中国应急管理学会蓝皮书系列编写指导委员会

主任委员

洪　毅

副主任委员（以姓氏笔画为序）

马宝成　王亚非　王　浩　王沁林　冉进红

闪淳昌　刘铁民　杨庆山　杨泉明　吴　旦

余少华　应松年　沈晓农　陈兰华　范维澄

郑国光　钱建平　徐海斌　薛　澜

秘 书 长

杨永斌

委　　员（以姓氏笔画为序）

孔祥涛　史培军　朱旭东　全　勇　刘国林

孙东东　李　明　李　京　李雪峰　李湖生

吴宗之　何国家　张　强　张成福　张海波

周科祥　钟开斌　高小平　黄盛初　寇丽萍

彭宗超　曾　光　程晓陶　程曼丽

前　言

　　校园安全关系人民群众根本利益，关系亿万家庭幸福安宁，关系社会和谐稳定。2021年，新型冠状肺炎疫情防控形势转入常态化，学校恢复线下教学，校园安全事件数量反弹升高，校园安全形势面临着新形势与新挑战。校园安全事件高敏感、高愤怒的特性致使其极易成为社会关注热点，甚至引发舆情风险，酿成次生后果。2021年的校园安全事件更为易感，治理难度更大；类型边界趋向模糊，线上要素参与增多；事件致因变化不大，心理致因越发突出；底线不断突破，校园侵害手段越发隐蔽；情感极化破圈，次生影响越发严重。不断推陈出新的社会要素及社会关系催化着校园安全形势变化，向校园安全治理与应急教育提出新要求。由此，本书旨在描廓过去一年校园安全发展的新面貌，从不同角度探索校园安全事件、治理与应急教育在2021年的多路演进脉络，追踪相关热点焦点问题，集之、录之、析之，以飨读者。

　　中国应急管理学会校园安全专业委员会2016年成立于北京，致力于校园安全领域的理论和实践研究，积极发挥智库作用和社会服务功能，旨在提高中国应急教育和校园安全管理的理论研究水平和实践工作能力。《中国应急教育与校园安全发展报告》已连续发布超过5年，为党政机关、学界研究人员、教育工作者和社会公众了解、研究和跟踪中国应急教育和校园安全管理发展提供了翔实资料。《中国应急教育与校园安全发展报告（2022）》聚焦2021年校园安全事件、治理及应急教育，以学术思维指导经验研究，为校园安全领域建设贡献学界力量。

　　本书由六章节构成。第一章校园安全及应急教育发展概观，总体回顾了校园安全事件与校园应急教育发展，归纳其特点、亮点，总结其趋势、重点，结合校园安全事件所暴露出来的问题及当前应急治理短板，探讨其发展方向与趋势。第二章为校园安全政策的注意力分析，从框架、演进脉络、演进逻辑深入剖析校园安全政策现状及发展进路，梳理出当前存在的不足，展望未来发展方向。第三章聚焦校园安全事件的应急管理方案，从一案三制的应急管理体系入手，研究校园安全管理发展。第四章为校园安全事件应急处置中的班级管理，基于 47 个中小学的校园安全处置案例做质化分析，探讨中小学班主任在校园安全事件应急处置中的角色分配与行为，旨在提升班主任参与校园应急处置的专业能力。第五章探讨校园欺凌事件中教师的作用，以问卷调查与典型案例相结合的方法，分析 2021 年校园欺凌事件的特征、校园欺凌事件中教师作用过程的影响因素和校园欺凌的防治策略，以期为校园安全管理的进一步发展提供相关参考和建议。第六章聚焦电信诈骗热点，基于校园电信诈骗案例分析提出安全教育优化对策。附录部分创新强化中国应急教育与校园安全管理的理论研究与实践经验的对话，由具体开展校园安全风险防控、应急管理与教育的中小学、幼儿园的校长（园长）、教师、律师撰稿，推介其在校园安全风险防控和应急管理工作中的经验。

本书在总结 2021 年校园安全与应急教育的案例与治理，关注新形势下校园安全事件所暴露出来的问题及当前应急治理短板的同时，也聚焦校园安全治理的预案、体制、机制和法制进展。我们看到，立法的不断完善、标准的不断制定、机制的不断建立，都让校园安全治理在与新问题博弈的过程中逐渐向好。孩子是中国的明天和未来，中国应急管理学会校园安全专业委员会将持续关注国内外校园安全领域的研究动态，与学术界同人携手，共同推进中国应急教育和校园安全的发展。

编　者

2022 年 5 月 8 日于长沙

目　　录

第 一 章

校园安全及应急教育发展概观

随着在校生人数逐年递增，2021年在校学生人数已逾2亿，约占全国总人口的15%。[①] 极小概率的校园安全风险在高基数在校学生基础上亦将引致接近确定性的校园安全事件。全国人大教科文卫委员会在关于第十三届全国人民代表大会第四次会议主席团交付审议的议案审议结果的报告中指出，校园安全事故时有发生，学校安全形势不容乐观。根据公开数据收集的2021年校园安全事件统计结果显示，意外伤害和校园欺凌与暴力事件仍是危及校园安全最主要的表现形式。心理健康、公共卫生、网络安全和突发灾害亦以各类新形式、新姿态威胁着校园安全。校园安全一直受到中共中央、国务院、各级政府和社会各界的高度关注。近年来，与学校安全相关的法律制度规范不断完善。新修订的《未成年人保护法》《预防未成年人犯罪法》，用专章规定了未成年人的学校保护。正在制定的学前教育法草案，专门对幼儿园安全管理问题做出规定。教育部单独或与有关部门联合出台了《学生伤害事故处理办法》《未成年人学校保护规定》《关于完善安全事故处理机制 维护学校教育教学秩序的意见》等规范性文件，建构了从加强预防、减少事故，到严格执法、妥善处理纠纷，再到多部门合作、形成共治格局的完整治理体系。

第一节 校园安全事件概观

根据公开数据收集的2021年校园安全事件统计显示，相较于2020

---

① 参见国家统计局《各级各类学历教育学生情况》（https：//data. stats. gov. cn/easyquery. htm？ cn = C01&zb = A0M0201&sj = 2021，2021年12月）。

年，2021 年校园安全事件数目有所回升，这与疫情防控趋于常态化、学校线下复课有关。本研究团队基于微博、主流网络媒体网站①及教育部、各省教育厅及各教育部直属高校网站公开数据进行收集整理，得到涵盖设备设施安全、校园欺凌及校园暴力、个体身心健康相关事件、校园公共卫生事件、突发治安事件、意外伤害事件、网络安全事件、校园周边环境安全事件、突发灾害事件及其他类型的事件共计 10 种类型的相关事件、案例、预防报道、治理手段等数据 1795 条。频发、高易感的校园安全事件背后，隐藏着各类不同的原生矛盾与次生矛盾，这些矛盾最终导致了校园安全事件的发生。

一 校园安全事件年度总括

当前，校园安全事件时有发生，极易成为社会关注热点，甚至影响社会稳定。2016 年版本报告依据我国《突发事件应对法》将校园安全事件分为自然灾害（包括地震、水灾、暴风雨）、事故灾难（包括火灾、化学物或放射物泄漏）、公共卫生事件（包括烈性传染病、食堂遭受污染）及公共安全事件（包括大规模人群骚乱、暴力或犯罪）四个大类，随着社会的不断发展与进步，新的威胁逐渐浮现，包括但不限于网络安全、校园欺凌、心理霸凌等。传统威胁与新威胁并存，在相互作用与演化中形成了校园安全事件的新格局。

1. 安全事件数量回温，威胁学生身心健康

2021 年全国大中小学及幼儿园在保证疫情防控要求的情况下复工复课，因 2020 年新冠肺炎疫情而骤减的校园安全事件数量在 2021 年回归到较高位。相较于 2017 年的 202 起、2018 年的 140 起、2019 年的 273 起、2020 年的 92 起，2021 年的校园安全事件数量增至 303 起。其中，设备设施安全事件（包括火灾、实验室爆炸等）17 起，校园暴力与欺凌事件 67 起，身心健康受损事件 43 起，公共卫生事件 25 起，突发治安事件 18 起，

---

① 包括光明网、人民网、央视网、新华网、《人民日报》、新华社、《求是》《解放军报》《光明日报》《经济日报》《中国日报》、中央人民广播电台、中央电视台、中央国际广播电台、《科技日报》《中国纪检监察报》《工人日报》《中国青年报》《中国妇女报》《农民日报》《法制日报》、中新社等以央媒为主的媒体网站。

意外伤害事件 57 起，网络安全事件 37 起，校园周边环境安全事件 20 起，突发灾害事件 15 起，其他类型事件（如个人隐私被侵犯）4 起（见表 1-1）。

表 1-1   2021 年校园安全事件分类频数统计

事件类型	数量	占比（%）
设备设施安全事件	17	5.6
校园暴力与欺凌事件	67	22.1
身心健康受损事件	43	14.2
公共卫生事件	25	8.3
突发治安事件	18	5.9
意外伤害事件	57	18.8
网络安全事件	37	12.2
校园周边环境安全事件	20	6.6
突发灾害事件	15	5.0
其他类型事件	4	1.3

从校园安全事件的整体态势出发审视校园安全事件分布，在 2021 年，校园安全事件在大部分特征上与往年保持一致。如较之往年，校园暴力与校园欺凌的频数仍然处于绝对高位，来自同学、老师、外校学生的身体、心理暴力占据绝大多数，酿成受害学生身体受伤甚至丧生的恶性后果。此外，溺水作为学生意外伤害事件的表现形式，在 2021 年也同样居于相对高位，占据超八成意外伤害事件的比重。

虽然 2021 年校园安全事件分布特征大致与往年保持一致，却依然有不同之处被反映出来。其一是个体身心健康受损事件。个体身心健康受损，主要是指身体受伤和心理受损，这两类事件在 2021 年所有校园安全事件中占比排到第三位。与意外伤害事件不同，个体身心健康受损发端于加害方主观意愿或自身主观意愿，属于一定程度上意料内的主动行为。这一类行为在身体健康受伤上主要表现为自杀（包括跳楼、自缢、割腕等）、被迫活动导致身体健康受损乃至猝死；在心理受伤上主要表现为抑郁、自闭等。此外，网络安全事件也占据了相对较大比重。随着新冠肺炎疫情影响，越来越多的学习、工作、生活内容转移至线上，贷款、诈骗、网络追星等超越学生可承受范围的风险影响越发严重。此类事件较2019 年新冠肺炎疫情尚未出现时增加了 740%，学生网络安全事件逆反诈宣传及反非法网贷法律法规之势而频发，给校园网络安全治理提出了新的命题。

2. 安全事件更为易感，治理难度更添一层

张桂蓉教授在研究中指出，由于校园安全事件的主体是青少年儿童和教师，所以其具有"高愤怒 + 高敏感"的属性。其管理关键在于"主动防、科学管"；要遵循全面原则、借力和协同原则、科学和专业原则、主动和弹性原则。① 考察并分析 2021 年的 303 起校园安全事件及部分相关案例的热议舆情后，我们发现，由于加害与受害两方之间的力量不均衡及学生群体自带的敏感属性，校园安全事件极易在社交媒体上发酵，由此带来对于风险处置与应急响应的巨大压力。这种压力自身具有二重性，一方面对校园安全治理产生群众监督，对处理结果及整改方向带来巨大的监督压力，迫使相关主体更好地施政；但另一方面又具有极大不稳定性，易被不实信息引导产生偏误，从而造成网络暴力及其他可能的次生问题。

校园安全事件的易感性源于三个层面：其一是互联网使用量飙升成为拟态环境，大众受影响和参与程度提升导致主体易感；其二是校园安全事件的事件属性易感；其三是校园安全的主体属性易感。新冠肺炎疫情之后，人们的互联网使用量越发增长，2021 年中国移动互联网接入流量以月平均同比增长 34% 的速度飞速提升。② 移动互联网使用量的飞速提升将人们生活空间越发搬到互联网上，使原本易感的校园安全事件舆情发酵变得更加容易。易感之外，校园安全事件具有高愤怒的事件属性，有研究表明，情绪在传播过程中的加入更容易引发传播烈度的上升，相较于其他事件，高愤怒的事件属性促进了事件在社会网络中的传播，引

---

① 张桂蓉：《校园安全事件良性演化的影响因素研究——基于 20 个案例的模糊集定性比较分析》，《安全》2022 年第 2 期。

② 参见国家统计局官网（https：//data. stats. gov. cn/easyquery. htm? cn = A01&zb = A0A04&sj = 202203，2021 年 12 月）。

发更大范围的响应。同时，校园安全事件主体存在高敏感的性质，如幼儿、学生、教师、家长等原本具有特定社会角色和特定刻板印象的主体，在安全事件中突破公众自身固有印象时造成的文化休克会加剧其敏感性，从而使安全事件更为易感。易感事件在社交网络中快速发酵，一方面进一步损害校园安全事件相关受害客体的利益，另一方面将治理从简单处置延伸至处理多重后果的情境，对施政主体的治理与应对带来了新的挑战。

3. 类型边界趋向模糊，线上要素参与增多

在传统的校园安全事件分类中，将校园安全事件分为自然灾害、事故灾难、公共卫生事件和公共安全事件相对已不能满足日渐变化的校园环境。校园安全事件是指由学校内外因素引起的影响学校正常运行秩序，威胁学校组织功能和师生权益，需要紧急处置的突发事件。[①] 这意味着只要是影响学校正常运行秩序、威胁师生及组织功能权益的突发事件都是校园安全事件。校园安全事件随着技术的发展，已逐渐演化出"互联网＋安全事件"跨类风险，多类型传统的自然灾害、事故灾难、公共卫生事件及公共安全事件在互联网的作用下被挖掘或曝光，被放大或扭曲。由此，传统的类型边界逐渐倾向于模糊，在加入线上的催化要素后，产生了类型之间跨类融合的化学反应。

这类效果主要呈现出三种作用形式：一是挖掘曝光出隐藏的校园安全风险。传统的部分校园安全风险在学校运行过程中由于监管不力等因素藏纳了一批风险要素，当线上要素触及此类校园安全风险要素时，提前将校园安全风险挖掘并引爆，使其危害趋于更小。如2021年4月安徽合肥一幼儿园幼童回家后突发腹痛，多名家长聚集校园突击检查园内食材，结果发现了霉变食品，遂将其曝光至网络。随后调查发现校园供应商无营业执照，存在套牌配送的问题。[②] 二是放大安全事件后果校园模糊类型边界，线上要素的参与一定程度上将传统较小的安全事件后果扩大

---

① 张桂蓉：《后真相时代校园危机管理如何实现"抽薪止沸"》，《南京社会科学》2020年第7期。

② 参见《安徽商报》官方微博（https://weibo.com/1806503894/Kc5NvffvF？refer_flag=1001030103_，2021年4月22日）。

化，将不同类型的校园安全事件后果融为一体，呈现出复杂的新特征。如深圳市某初中女生由于和同学产生误会，被同学在网络上辱骂、造谣，被诬蔑为"交往多名男友的'渣女'"，这些内容出现在多个微信公众号上并在同学之间转发。发布公众号的不法分子还以"有偿删帖"为名对该女生进行敲诈勒索，最终演化成融合了校园欺凌、身心健康损害和网络安全的复杂类型校园安全事件。其三，扭曲校园安全事件类型边界及主体边界。更有甚者，"网赚"的网络骗局成为"网络暴力"的加害工具，部分未成年人深受蒙骗加入其中，在不自知的情况下成为校园安全事件的加害方，隔着网络给被校园欺凌的受害学生的身心健康造成威胁。①

随着线上要素的参与增多，校园安全事件类型边界趋向模糊，线上要素的参与成为模糊边界的力量之一。因此，在校园安全生态中，更需着重注意系统化治理。

二　校园安全事件特点归纳

2021 年校园安全事件较之前几年达到一个新的数量峰值，其表现形式及自身属性均发生了一些新的变化。这一部分，我们将从多方面对 2021 年校园安全事件的不同呈现进行特点归纳。

1. 安全事件致因总体不变，心理致因突出

在对传统的校园安全事件认知中，大部分认为校园安全事件就是学生与学生之间，社会诸多主体对校园人员、教学活动、基础设施，以及客观实体对校园人员、教学活动或基础设施的伤害事件。2021 年所发生的校园安全事件中，大部分致因主体与过去几年相对保持一致。设备设施安全事件主要集中在实验室火灾、燃爆及校车超载超限；校园暴力与校园欺凌事件主要集中在学生与学生间、老师与学生间及校外人员与学校人员之间；个体身心健康受损事件主要集中在心理压力、家庭压力、同辈欺凌及校园内压力中；公共卫生事件主要集中在诸如病毒、新冠肺炎、流感、食物中毒等方面；突发治安事件主要集中在群体矛盾、校外

---

① 参见央视网《"网赚"机会？"网暴"讹财！警惕网络犯罪黑手伸向青少年》（http：//news. cctv. com/2021/07/21/ARTIkcmMSaJB9OizjIUDtf3f210721. shtml，2021 年 7 月 21 日）。

闲散社会人员报复方面；意外伤害事件多集中在煤气中毒、溺水、高空坠落、踩踏等方面；网络安全事件多集中在电信诈骗、网络贷款、游戏充值及主播打赏等方面；校园周边环境安全事件主要集中在交通事故、社会报复行为等方面；突发灾害主要集中在山洪、台风、暴雨、冰雪灾害、泥石流、地震等方面，与各地区地理特征挂钩。

而在总体致因不变的背景下，有部分引致原因则突破类型化事件的限制，在多类事件中均有出现。其一为线上要素参与，在前文中已作分析；其二为心理原因突出，在多类事件中由于心理原因，带来了多种类型的校园安全事件发生。

在涉及心理伤害的事件中，心理伤害往往伴随人身损害及隐私侵犯。2021 年有关学生身心健康的校园安全事件中，心理伤害最常见的后果就是抑郁及抑郁带来的附带损伤。如被霸凌后产生抑郁，隐私被曝光及在公共场合被猥亵带来的心理伤害等。其中有一例，学生已明确患上抑郁症，老师以治疗为由约见重度抑郁女生实施性骚扰，并诱导其满足自己的特殊癖好。① 此类突破底线的心理伤害同样伴有加害方施以精神控制等避免事情败露的手段，从而使伤害更加隐蔽。此外，心理伤害难以达成显性的因果确证，只能以推断溯源的方式及受害者各类指认的方式予以推断，这类伤害自身具有一定隐蔽性，需要受害学生勇敢站出指认并积极配合治疗。在所见案例中，大部分被曝光的案例都是受害者在向身边人求助过程中才被发现的。

学生群体以未成年人为主，心理相对单纯，线性思维特征较为明显，容易钻牛角尖。未成年人相对单纯的心理可能在受害者层面造成心理伤害、在安全事件层面扩大事态、在安全事件致因层面因其他心理被他人利用。首先，各类校园压力源引致了不少受害学生的创伤后应急综合征，严重者产生了抑郁的心理问题，更有甚者产生了轻生行为。如辽宁一个 9 岁小学生被高年级学长强制罚跪磕头导致抑郁；② 呼和浩特一个 12 岁男

---

① 参见《中国妇女报》官方微博《中学老师给抑郁症女生发色情信息》（https：//weibo. com/2606218210/KaSwrif8W，2021 年 4 月 14 日）。

② 参见中国网文化《沈阳 9 岁小学生被罚跪磕头 "重度抑郁"，家长要求转学被拒》（https：//baijiahao. baidu. com/s？id＝1689924911833066539，2021 年 1 月 26 日）。

生想不开在家里卫生间自缢身亡;① 武汉一 13 岁女孩由于作业过多压力过大跳楼轻生。② 据中国科学院心理研究所 2020 年青少年心理健康状况调查显示,学生抑郁的检出率从初一开始明显升高,在之后的初中和高中阶段逐步增加。其次,在事态上,心理因素产生催化作用将风险放大,最后酿成惨案。如安徽一女学生因考试成绩突出被学校老师质疑,且单独补考,在 QQ 空间留言"考得好也怪我吗"随即失踪,事后被发现溺亡且排除他杀。③ 最后,单纯心理被别有用心地利用,从而深陷校园安全事件中。如贵州省一学生想以网络刷单赚钱,被骗光积蓄后想迅速回本而诉诸网络贷款,却被二次诈骗,损失数万元。又如部分学生为了网络赚钱却沦为网络暴力的工具,导致他人身心受损。④

2021 年,校园安全事件中心理致因及网络致因显著,一方面主要显现于心理抑郁及由此带来的事态扩大,以及贪小便宜心理导致的被他人利用;另一方面还显现于与网络发展伴生的灰黑产业和新的伤害方式。这些致因在 2021 年的校园安全事件中被较明显地表现出来,为治理敲响警钟。

2. 新形式破底线层出不穷,新手段更隐蔽

2021 年校园安全事件中,各类涉及人身、心理、隐私的损害事件表现出底线更低,形式更新,手段更隐蔽的特征。

随着社会观念更新与技术革新,校园安全事件展现出多种突破底线的新形式,如基于虚拟与现实模糊之下的暴力行为。在涉及人身损害的事件中,传统的掌掴、耳光、殴打等形式继续存在,且单人向单人、多人向单人及多人向多人的惯见形式依旧存在。在 2021 年收集的事件案例中,我们发现基于两性及同性关系的损害相较于传统的"看不惯"斗殴、校园敲诈勒索等,成为一种新的显性校园人身伤害理由。2021 年被曝出

---

① 参见河北青年报网《警方通报呼和浩特一小学生自缢身亡:在学校卫生间内死亡》(https://baijiahao.baidu.com/s?id=1701083187598382833,2021 年 5 月 29 日)。

② 参见看度新闻《如何看待坠楼学生家长认为责任在老师》(https://weibo.com/1879476167/KuP4Ef6Js,2021 年 8 月 23 日)。

③ 参见新京报网《女孩月考第一被质疑后溺亡》(https://weibo.com/1644114654/JBAHjn-GIo,2021 年 1 月 4 日)。

④ 参见央视网《"网赚"机会?"网暴"讹财!警惕网络犯罪黑手伸向青少年》(http://news.cctv.com/2021/07/21/ARTIkcmMSaJB9OizjIUDtf3f210721.shtml,2021 年 7 月 21 日)。

的与猥亵及性相关的侵害占校园暴力与欺凌事件的22.3%，其中，轻则骚扰猥亵，重则致残致死。这类事件突破传统底线，以一种显性的形式出现并占据校园暴力与欺凌相关人身伤害的一大部分。需要注意的是，此类事件的存在并非新近才出现，只是近期被频繁曝光，这种情况或与社会对受害者关怀程度的提高有关。2021年，网络成瘾所带来的伤害也出现了新的表现形式。过去存在学生沉迷网游分不清虚拟和现实用刀砍伤数人的案例，2021年出现了中学生沉迷网络游戏出现幻觉，对父母使用暴力，并纵火烧毁家中房屋的案例。此外，基于网络成瘾向主播刷礼物而债台高筑，产生容貌焦虑而整容导致无力偿还账单，非理性追星导致钱包空空，甚至追星意见不合导致学生间发生暴力行为的案例也不在少数。

校园安全事件致因越发多样化，手段也越发隐蔽。这具体表现在两个方面：其一是对象群体行为能力低且手段隐蔽；其二是以保护的名义行损害之事，如面对更需要关爱的幼儿、残障学生的针对性虐待。此外，人身损害手段越发隐蔽，面对言语表达尚不健全的稚童及行为能力受限的特教学生，教师虐待方式也突破底线，以更加隐蔽的手段侵犯学生的身体和心理健康。这意味着与传统显性的侵害方式相比，加害方已然认识到侵害的后果，转而以更加隐蔽的方式施以加害手段，危害更大，治理更难。除了上述人身损害、心理伤害及隐私侵害的案例表现出新形式突破底线、新手段越发隐蔽之外，网络安全事件同样存在相似的情况。传统的网络安全事件以刷单、网络赌博、贷款等方式出现，在中国反诈宣传如火如荼的开展过程中，不法分子甚至以此为契机，通过非法途径获取受害人信息，进而冒充银行或网贷平台客服联系受害人，谎称受害人在校期间注册的网贷账户违反了国家政策，需配合注销，再以注销贷款账户需要清空贷款额度为由，诱骗受害人提取额度并转账。这种基于学生对国家公信力的信任实施的诈骗，手段隐蔽且更不容易被识别。

由以上可知，校园安全威胁由硬转向软，从过去的暴力可感到现在的无形不易感，校园安全事件逐渐软化、隐蔽化，以渗透的方式逐步影响校园相关主体，亟待安全治理由表及里深层化解风险。

3. 情感极化破圈速度较快，次生影响巨大

2021年校园安全事件屡次登上社交媒体，热搜传播速度快，影响范围广，表现出极大的情感极化和激化特征，由此带来的次生影响与社会稳定风险甚至大于校园安全事件本身。被爆出的校园安全事件在社交媒体上表现出三个特征：其一是情感激化、极化；其二是党同伐异，论战大于论争；其三是破圈速度快，部分关键词被赋予特殊目的，次生风险更大。

情感的激化与极化在社交媒体平台本身并不罕见。激化指的是相对剥夺感导致的心理普遍性失衡，由此产生的不信任感在聚集作用下，逐渐演变成群体中个体转向极度冲动的、非理性化的"无名氏"的过程，这一过程侧重于情感水平的提升。极化是指某种立场倾向，通过群体内确证被加强，使其远超于原来的群体平均水平，最后倾向于极端和获得支配性地位的过程，这一过程倾向于情感倾向的单一化。发端于 20 世纪 60 年代的群体极化理论表明，群体的观点和态度比个体更趋向极端化。社会心理学研究确证了群体极化现象的普遍性，并指明该现象的关键形成机制在于群体互动过程。2021 年，部分国内外社交媒体名人自曝遭受过校园欺凌或校园暴力，在网络上引起热议，如生有唇腭裂的明星韩佩泉自曝早年曾遭遇校园暴力引发网络热议。在校园欺凌、校园霸凌、校园暴力相关的评论内容中，情绪相对激化的表达、相对极化的处置态度与校园欺凌和校园暴力本身所带的暴力属性存在一定程度的相似。在群体内互动与互证的过程中，群体行为亦趋于极化，甚至出现人肉相关校园安全事件主体并实施网络暴力的事件。这一特征导致校园安全事件后果的延展，次生影响脱离校园语境，直接对社会造成局部稳定风险。

党同伐异、论战大于论争这一特征多见于事件已然发生但尚未被调查清楚或未全部公之于众的阶段。在这一阶段，由于具有事件重要性（紧迫性）与信息的模糊性特征，根据经典谣言通量公式：谣言 = 信息不确定性 × 事件重要性（紧迫性）来看，这一时期，真实信息与谣言齐飞，不同人群依据偏好，基于不同信息得出的结论选定所站立场，该立场在同群体中得到极化，随后在交流论争中以论战大于论争、以党同伐异代替冷静交流，由此带来的对舆论气候的破坏及对相关参与主体认知的偏好都有着极大的影响。如 2021 年 9 月 14 日警方通报的福清女生坠亡案中，在造谣校园霸凌者已被抓获的情况下，仍有偏信谣言者执意认定谣言为真相。这一刻板印象所带来的次生影响对相关职能部门公信力、未来相似事件的处置都有着不良影响。

最后是破圈速度快，敏感词被滥用。如在涉及部分敏感词的校园话题下，极容易产生以"平等"为口号的挑起性别对立、性向对立、种族对立的情绪化发言。此类发言以"平权"为切入点，以混淆因果的方式达到特殊目的。长期来看，此类次生风险具有对网民的涵化作用，次生风险非常大。如四川网警曾以泸州某中学事件为例，详解境外势力如何介入中学生自杀事件。该详解指出，因当地政府处置不当，导致谣言四起、群情激愤，事态短时间失控，造成恶劣影响，引起全国关注。与此同时，境外敌对势力抓住时机，大肆介入，反华组织疯狂进行造谣，推动该事件向反面和极端发展。①

三 校园安全事件频发所暴露的问题

校园安全事件发生后，可以看到大部分事件都是依照应急处置办法标准化处置，然而，小部分安全事件的处置却存在体制、机制及策略上的疏漏，相关问题激发了次生的舆论，被曝光后的事件次生影响力甚至大于安全事件本身。由此暴露出的相关问题亟待解决。

1. 漠视霸凌玩忽职守，亟待规范师德

首当其冲的是校园欺凌与校园暴力产生的问题。关于校园欺凌与校园暴力，我国颁布了《中华人民共和国未成年人保护法》《中华人民共和国预防未成年人犯罪法》等法律，相关部门也出台了如《加强中小学生欺凌综合治理方案》等行政法规。现行法律法规已然对校园欺凌行为做出界定，乃至对预防、处置、分工、监督等机制流程提出要求。就2021年校园欺凌与校园暴力事件案例所属学校机构属性来看，多发于民办学校。这类问题存在两种基本表现形式：一为教师霸凌，主动形成校园暴力；二为对欺凌容忍度高，客观造成玩忽职守。教师主动形成的校园暴力行为中，幼儿园及中小学暴力、大学性侵等为主要表现形式，这类问题集中爆发，意味着教师准入需要更高的门槛，师德师风培养与纠察需要更严的标准。

---

① 参见中共浙江省政法委平安浙江网《四川网警详解：境外势力如何介入中学生自杀事件》(http://www.pazjw.gov.cn/fxfx/fxpl/202105/t20210520_22554536.shtml，2021年5月20日)。

此外，在教育部等十一部门印发的《加强中小学生欺凌综合治理方案》中指出欺凌指控的应对方法，如："学生欺凌事件的处置以学校为主。教职工发现、学生或者家长向学校举报的，应当按照学校的学生欺凌事件应急处置预案和处理流程对事件及时进行调查处理，由学校学生欺凌治理委员会对事件是否属于学生欺凌行为进行认定。原则上学校应在启动调查处理程序 10 日内完成调查，根据有关规定处置。"及明确欺凌定义："中小学生欺凌是发生在校园（包括中小学校和中等职业学校）内外、学生之间，一方（个体或群体）单次或多次蓄意或恶意通过肢体、语言及网络等手段实施欺负、侮辱，造成另一方（个体或群体）身体伤害、财产损失或精神损害等的事件。"据南方报业传媒集团旗下 N 视频报道，珠海一 14 岁男孩被母亲发现自残，且诊断为中度抑郁。家长依据人民医院诊断指证儿子自残抑郁是因同学长期嘲讽、辱骂、威胁所致，直指学校纵容校园欺凌。珠海市斗门区教育局回应称目前暂没有足够证据显示，该同学所患抑郁症与同学之间的嘲笑有直接关联。同时，学校方以各种理由推脱拒绝采访，公开相关信息。这意味着校园欺凌的综合治理仍任重道远。

无独有偶，《国务院办公厅关于印发国家贫困地区儿童发展规划（2014—2020 年）的通知》中指出，"学校要建立面向全体学生和家长的安全教育制度、安全管理制度和应急信息通报报告制度，落实校园安全责任制"。而在相对发达的天津市，两岁孩童被老师单独带到办公室后深度烫伤，十天后园方拒绝给家长提供监控、教育局退回诉求、警方表示正在调查中，孩子究竟是被什么烫伤却还是无人回答，信息通报机制亟待真正落地。

2. 事件处理简单粗暴，处突难以服众

在对突发事件的处置过程中，有学者指出，"应急处突，看似是当下的能力要求，实际上也是干部日常工作中的能力要求，要求我们的干部必须具有忧患意识和风险意识，要能够见微知著，未雨绸缪，不能在事情出了以后才觉察"①。2021 年校园安全事件的处理表现出跨类别的简单

---

① 戴焰军：《习近平总书记为何强调这七种能力——基于干部能力、干部素质和党的执政能力的内在联系角度》，《人民论坛》2020 年第 30 期。

粗暴与信息闭塞，这给舆论情绪发酵与谣言传播提供了温床。2021 年部分不同类别的校园安全事件处理中体现出相似的简单粗暴的特征，具体表现在：其一，处理简单粗暴，面对学生诉求，不正面应对，而以毕业刁难为要挟；其二，防范简单粗暴，安全问题发掘与识别能力差，给二次伤害提供可乘之机。

处理简单粗暴主要体现为"解决不了问题，就解决掉提出问题的人"的思想，视校园安全问题为无物。简单粗暴的校园安全事件应对会带来更加严重的次生伤害，不但对解决校园安全问题无益，甚至会造成新的校园舆情问题。如吉林省某大学强制学生搬入前一天刚装修完的寝室，学生自测甲醛水平，结果与学校出具的检测结果差异较大。推进工作过程中，面对可能的健康风险，学校方却以毕业证、学位证为要挟，强制学生搬入甲醛水平存疑的寝室。该事件在微博发酵，带来新的舆情。同样，兰州某大学一研究生在校园内被他人持刀杀害，受害者父母到学校讨要说法被关在门外，有学生试图提供帮助，却被保卫科相关人员带走训话，其间被以学位证、毕业证做要挟。① 当校园安全问题、工作任务与解决校园安全问题带来的可能风险混杂在一起时，部分学校及教师先简单粗暴压住次生风险不爆发，完成工作任务后，再寻求校园安全问题的解决，沟通的缺乏和取舍的粗暴同时存在，严重损害自身形象，并与现行法规相悖。

危机防范简单粗暴的问题主要表现为对校园安全事件麻痹大意，机械执行防范工作，缺乏主动的忧患意识和风险意识，对可能存在风险的群体缺乏关注，甚至到风险爆发、舆情发酵后才如梦方醒。同时，应对可能存在的风险时，行为机械，畏首畏尾，摆样子做戏。如濮阳市某高中班主任调查逃寝及私带手机事件导致同学之间误会，进而引发寝室内暴力。所录视频在社交媒体上发酵传播近半个月，被家长看到后才引起警觉，进而采取处理措施。② 另外，广西有家长曝出一则监控视频，视

① 参见搜狐新闻《兰州交大研究生在校园遇害　有学生想为家长提供帮助　被威胁取消毕业证》(https://weibo.com/5890672121/Kwhjh9DdE，2021 年 9 月 12 日)。

② 参见中国长安网《警方通报"高中生被逼下跪"：涉案 7 人均为未成年人》(http://www.chinapeace.gov.cn/chinapeace/c100007/2021-04/16/content_12476025.shtml，2021 年 4 月 16 日)。

频中一持刀男子在校门口寻衅滋事，校园保安视而不见，直至附近执法人员将该男子控制后，其方才进入保安室拿出防具站在一边观望。[①] 作为守护学生最近的防线，麻痹大意，机械防范，畏首畏尾，做戏装样，其处突能力将难以服众。

3. 应急能力参差不齐，预防应对失当

应急能力包含警觉意识与处理方法。应急教育涵盖应急知识教育、应急技能教育、应急意识培养与应急心理准备。在 2021 年的校园安全事件案例中，经过横向对比，发现地区与地区之间、学校与学校之间、个体与个体之间存在极大的应急能力参差，甚至偶尔存在预防应对失当的情况。

首先是应急能力参差不齐。如湖南衡阳市一教师因留守儿童未到校，前往家里探访，拯救了煤气中毒的一家人；山东青岛平度市一教师因寒假事宜通知不到学生及家长，联想到冬天可能发生的煤气中毒风险，便驱车家访，凭借应急知识与技能救下煤烟中毒的一家人。与前述形成鲜明对比的，是武汉某学校开学典礼直播中，一女孩突然晕倒，在近半分钟的时间内，没有人呼救也没有人扶起，而这在直播画面中一览无余。

其次，应急能力参差还表现在预防应对失当上。如郑州某学院学生突发身体不适，在同学拨打"120"、通知校医后的 21 分钟内，校医都未赶到施救，急救人员到场时，该生已失去生命体征。

第二节　应急教育概观

应急教育根据实践经验、应急教育目的、应急教育实施对象的普遍性被分为应急知识、应急技能、应急意识和应急心理四个部分。自 2003 年"非典"之后，我国开始对应急领域进行专门化探索，尤其在汶川地震等大型灾害事故发生后，应急教育为各级政府、各类组织和公民在应急救援能力、意识、技能等方面的提高带来了正向作用。2021 年，我国在应急教育上，生发出新的样貌，逐渐向全国学校应急教育常态化转变。

---

① 参见中国网《男子持刀在校门口徘徊　保安淡定注视》(https：//baijiahao. baidu. com/s？id = 1718388189444926255&wfr = spider&for = pc，2021 年 12 月 6 日)。

一 应急教育概貌

1. 社会关注度高，顶层发力

我国应急教育经历了较长时间的探索与实践。历时来看，根据《中华人民共和国突发事件应对法》相关规定，中小学校已把应急知识和技能纳入教学内容，对学生进行应急知识教育，培养学生的安全意识和自救与互救能力。2007 年国务院印发的《中小学公共安全教育指导纲要》（简称《纲要》）参照《国务院关于实施国家突发公共事件总体应急预案》和《教育系统突发公共事件应急预案》中规定的六大类突发公共事件，相应地确定了公共安全教育的六个模块内容：一是预防和应对社会安全类事故或事件；二是预防和应对公共卫生事故；三是预防和应对意外伤害事故；四是预防和应对网络、信息安全事故；五是预防和应对自然灾害；六是预防和应对影响学生安全的其他事件。在内容设置上，考虑到小学、初中、高中学生学习和生活的范围和特点的不同，针对小学、初中、高中学生身心发展规律和认知特点，《纲要》按照小学低年级、小学高年级、初中、高中四个学段分别设置教学内容，并且侧重点各有所不同，以提高公共安全教育的针对性和实效性。《纲要》明确了中小学公共安全教育的主要实施途径：一是在学科教学和综合实践活动课程中渗透公共安全教育内容；二是利用地方课程，采用班会、团会、校会、升旗仪式、专题讲座、墙报、板报、参观和演练等多种形式，帮助学生系统掌握公共安全知识；三是通过游戏、模拟、体验等主题教学活动来开展安全教育；四是学校与公安、消防、交通以及卫生局、地震局等部门，以及与家庭和社会共同联合开展形式多样的公共安全教育。[①] 2008 年，教育部印发《中小学健康教育指导纲要》，明确规定了中小学不同阶段的健康教育目标、内容、实施途径及保障机制。2017 年，教育部印发《普通高等学校健康教育指导纲要》，将心肺复苏、创伤救护等院前急救技能作为大学生健康教育重要内容，明确规定要树立安全避险意识，掌握常见

---

① 中华人民共和国教育部：《对十三届全国人大三次会议第 7447 号建议的答复》（http://www. moe. gov. cn/jyb_xxgk/xxgk_jyta/jyta_twys/202102/t20210201_511988. html，2020 年 11 月 25 日）。

突发事件和伤害的应急处置方法，提高自救与互救能力。2018 年起每年开展"师生健康 中国健康"主题健康教育活动，强化顶层设计，加强制度建设，融入教育教学，拓展教育阵地，抓好队伍建设，提高学校健康教育教学质量和学生健康素养。①

此外，在 2021 年，第十三届全国人大第三次会议中有代表提案——"在义务教育中增加公共卫生事件防控等突发事件应对教育课程的建议""将急救知识纳入中小学必修课的建议""加强应急管理人才培养的建议"等。政协第十三届全国委员会第四次会议中也有代表提案——"建立独立教程将突发安全事件应急知识和急救技能纳入义务教育教学大纲"。应急教育的社会关注度已经从幕后走到台前，社会关注度逐渐提高，顶层发力越发明显。

2. 部门协同创新，试点教育

应急教育的发展无法单独依赖某一部门，教育部、发展改革委、财政部、卫生健康委、市场监管总局等多主体均发文指导校园卫生、健康教育工作，意图让政府主导、部门协作、学校实施、社会参与的新时代学校卫生与健康教育工作格局更加完善。学校健康教育时间切实保证，健康教育教学效果明显提升。办学条件达到国家学校卫生基本标准。学校应对突发公共卫生事件预测研判、精准管控、应急处置等能力显著增强。学生健康素养普遍提高，防病意识和健康管理能力显著增强，体质健康水平明显提升。

2021 年 5 月，教育部会同中国红十字总会印发《关于进一步推进学校应急救护工作的通知》（教体艺厅函〔2021〕22 号），旨在通过扎实推进学生应急救护知识技能普及行动，将应急救护知识纳入学校教育内容，融入教育教学活动，和加大教职员工救护培训力度，以及加强救护服务阵地建设，进一步提高校园应急救护能力，切实保障青少年生命健康。②

---

① 中华人民共和国教育部：《关于政协第十三届全国委员会第四次会议第 3294 号（教育类 225 号）提案答复的函》（http：//www. moe. gov. cn/jyb_xxgk/xxgk_jyta/jyta_jiaocaiju/202108/t20210824_553986. html，2021 年 8 月 5 日）。

② 中华人民共和国教育部：《关于政协第十三届全国委员会第四次会议第 3294 号（教育类 225 号）提案答复的函》（http：//www. moe. gov. cn/jyb_xxgk/xxgk_jyta/jyta_jiaocaiju/202108/t20210824_553986. html，2021 年 8 月 5 日）。

此外，2021 年 10 月，教育部发文实施青少年急救教育行动计划，开展全国学校急救教育试点工作，组织 150 所高中和高校参与试点工作，在校园内配备相关急救设施设备与物品，并对学校教师、学生进行急救知识教育和技能培训，研制急救设施设备配备规范（试行）和急救技能培训方案（试行），探索校园急救技能证书开发试点建设工作，形成可复制、可推广的急救教育经验做法，推动各级各类学校强化急救教育。最终为社会培养乐于施救、敢于施救、善于施救的人员。通过深入开展学校急救知识普及、急救设施配备、救护技能培训等工作，切实保障青少年生命健康。①

二　应急教育新亮点

应急教育包罗甚广，形式多样，种类繁多。根据《中小学公共安全教育指导纲要》，应急教育有以下几类：一是预防和应对社会安全类事故或事件；二是预防和应对公共卫生事故；三是预防和应对意外伤害事故；四是预防和应对网络、信息安全事故；五是预防和应对自然灾害；六是预防和应对影响学生安全的其他事件。在加强国家应急教育能力与水平、构建更完备应急教育体系的过程中，人才、制度、形式缺一不可。2021年，我国应急教育表现出如下新亮点。

1. 科学推进体系设计

我国应急教育体系建设经历了较长且可感的探索过程，并在探索中逐渐科学推进体系设计与建设。关于应急教育的设计可以上溯至 2005 年，在卫生部（已撤销）印发的《2006 年卫生工作要点》中，提出要广泛开展卫生应急教育，密切与多部门合作，加强联防联控。② 同年，教育部在《关于切实加强元旦春节期间学校安全工作的紧急通知》中也指出，要加强学校和学生的灾害应急教育，制定和落实周密的应急方案，并要在2006 年至少组织一次应急演练，学校党政一把手和教育行政部门的主要

---

① 中华人民共和国教育部：《教育部办公厅关于开展全国学校急救教育试点工作的通知》（http://www.moe.gov.cn/srcsite/A17/moe_943/moe_946/202110/t20211019_573605.html，2021年 10 月 8 日）。

② 北大法宝：《卫生部关于印发〈2006 年卫生工作要点〉的通知》（https://www.pkulaw.com/chl/0e6a6465e27244f6bdfb.html，2005 年 12 月 31 日）。

领导、分管领导要亲自组织、周密部署并出席应急演练，以增强师生的应急意识和在特殊情况下的应对能力。[①] 2011 年发布的《中华人民共和国国民经济和社会发展第十二个五年规划纲要》中指出，要建立健全应急教育培训体系；同年，《全民消防安全宣传教育纲要（2011—2015）》指出，"教育医疗卫生机构人员学会扑救初起火灾、组织人员（病人）疏散逃生和火灾应急救护技能"。2015 年，水利部、中宣部、教育部、共青团中央印发《全国水情教育规划（2015—2020 年）》，明确指出要普及洪水风险和防灾避险常识，开展救灾演练等灾时应急教育实践活动，使洪水风险区域居民增强灾害防范意识，提高自救互救能力，科学安排生产和生活设施，合理避让、降低风险。

时至 2021 年，我国校园应急教育展现出顶层设计制度化发展与底层执行依计划推进的双重特性。在顶层设计制度化发展中，教育部办公厅印发《关于开展全国学校急救教育试点工作的通知》，明确指出将组织首批 150 所高中和高校参与试点工作，在校园内配备相关急救设施设备与物品，并对学校教师、学生进行急救知识教育和技能培训，研制《急救设施设备配备规范（试行）》和《急救技能培训方案（试行）》，探索校园急救技能证书开发试点工作，形成可复制、可推广的急救教育经验做法，推动各级各类学校强化急救教育。[②]此外，教育部办公厅、中国红十字会总会办公室共同印发了《进一步推进学校应急救护工作的通知》，切实推进应急救护知识技能的普及，在不同年龄与学历层次，推进相对应的应急教育：小学阶段，重点开展安全教育和应急避险知识科普宣教，树立敬畏生命、关爱他人的理念；中学阶段，掌握基本应急救护知识技能，培养自救互救和自我保护能力；大学阶段，普及应急救护、防灾避险知识技能，倡导救护志愿服务，将应急救护知识技能纳入学生军训，切实提高应急救护知识与技能普及率，并鼓励高校开设应急救护相关课程并

---

① 北大法宝：《教育部关于切实加强元旦春节期间学校安全工作的紧急通知》（https://pkulaw. com/chl/22f6c96aa023c740bdfb. html，2005 年 12 月 22 日）。

② 中华人民共和国教育部：《教育部办公厅关于开展全国学校急救教育试点工作的通知》（http：//www. moe. gov. cn/srcsite/A17/moe_943/moe_946/202110/t20211019_573605. html，2021 年 10 月 8 日）。

纳入学分管理。①

从顶层设计中可以看出，应急教育在进行"可推广经验探索"与"分层次技能培训"双维构建，大步推进了我国应急教育的框架设计。

在体系设计之外，中层拆分与底层执行均有计划地循序推进。如，教育部印发《生命安全与健康教育进中小学课程教材指南》，明确从居家、校园及其他公共场所、网络空间等不同地域环境出发，引导学生学会科学应对自然灾害、事故灾害和社会危机事件，增强防灾减灾意识，提升危险预判、紧急避险、求生逃生等自救和他救技能，培养应急救护能力，提高防范网络电信诈骗的意识和能力。

2. 应急教育落地成效显著

应急教育是由学校、企事业单位、社区组织和各种非营利机构与相关应急部门组织的，以提高公民应急意识、应急知识和应急技能，形成健康应急心理的各类型、各层次教育，旨在增加和提高人们面对突发事件时的自救互救知识与能力。而校园应急教育突出校园主体及校园环境，更聚焦于学生等相关群体在面对校园突发安全事件时的自救、互救能力。

2021 年，面对各类层出不穷的校园突发安全事件，相关主体的自救能力及互救意识逐渐提升，这与应急教育、校园安全普法等行动息息相关。我们分析公开数据发现，2021 年校园安全教育落地成效显著，主要表现为学生、老师等主体的自救能力和互救能力提升，及全社会关心、关注校园安全，线上、线下帮扶互助意识的提升。

校园主体自救能力与互救能力的提升最接近应急教育目标，即在校园突发安全事件中利用应急意识、应急知识施展应急技能脱离危险。例如泰安某中学一男孩音乐课上被异物卡住，在周围同学尚未意识到问题出现并嬉笑围观时，音乐老师已意识到有危险，立刻上前查看，并用海姆立克急救法施救，最终男孩成功获救。无独有偶，哈尔滨阿城区某小学一男孩服用口服液时，突然打了个喷嚏，药瓶被吞进去，卡在咽喉处。男孩瞬间呼吸困难，情况紧急。因离学校最近的乡镇卫生院有五公里，

---

① 中华人民共和国教育部：《教育部办公厅、中国红十字会总会办公室关于进一步推进学校应急救护工作的通知》（http://www.moe.gov.cn/srcsite/A17/moe_943/moe_946/202105/t20210527_533884.html，2021 年 5 月 7 日）。

将男孩送医或是打"120",都会耽误最佳救治时间。危急时刻,付姓老师果断运用海姆立克急救法。10秒钟后,男孩从嘴里吐出一个小药瓶,转危为安。这些案例中,教师具备应急意识,能够迅速判断紧急情况的出现,具备应急知识,知道紧急情况症结所在,并能够熟练运用应急技能施展救助,挽救生命。面对威胁时,学生自身的应对能力,积极自救和配合救援的应急意识与应急能力也都有显著提升。例如,云南某中学劫持伤人案中,被劫持男生按照所演练的方式保持冷静,最终得到有效救援。

此外,线上科普、线上教学以及线上互助在校园安全突发事件中逐渐显现出公民应急意识、知识及技能的提升。2021年,热点校园安全事件中,线上自发形成的讨论,例如对校园安全维护装置、校园暴力欺凌等事件的解决方法、身心健康事件中存在的风险防控缺位、食品安全相关标准、意外事件中对应急教育行动的监督、网络安全中诈骗手段的揭露等,体现了公民面对危机时意识、知识和能力的不断提升。有的学校在事件发生之后,以"他山之石、可以攻玉"的思路自发进行线上应急教育,创新以合作生产的方式进行全民应急教育。例如在郑州"7·20"特大暴雨灾害中,当时还是学生的李同学利用在线文档提升救援效率,创新了新的应急互助办法。

3. 应急教育手段创新更接地气

传统的应急教育形式本身丰富多样,如常见的灾难纪念、指南手册、媒介宣传、现场宣讲、课堂教学、基地教育、桌面模拟、实战演练等。而在2021年,应急教育手段不断创新,更接地气,也有更好的传播与教育效果。具体体现在:其一,线上、线下相结合,联动教育;其二,寓教于乐更创新,紧跟热点。

传统的防火宣传教育多依靠消防手册,或者是利用当地消防体验馆,亦多见于学校组织消防演习。2021年,新的应急教育方法被利用了起来,将线上与线下结合,利用新技术、新手段创新宣讲。2021年短视频爆火,不少大学生在社交媒体平台上发出宿舍内做饭视频,长沙、景德镇、天津、平顶山等地消防员在接到网友@后"顺网线"火速处理,并就具体案例在学生宿舍内开展消防创新宣讲。此外,在线上通过新技术创新在线应急教育,更加贴近前沿,更加吸引学生。如河北廊坊消防救援队就通过直播带同学们走进廊坊市消防科普教育基地，观看火灾成因小实验、体验 VR 火场逃生、模拟火灾扑救，重点学习校园、家庭防灾减灾常识。

应急教育手段创新除了紧跟媒介之外，以寓教于乐的方式更入眼入脑入心。在针对网络安全事件频发的网络诈骗问题进行预防和应对网络、信息安全事件中，宁墩派出所民警根据真实案例，改编拍摄了一部网络贷款诈骗情景剧。将网络贷款、网络诈骗中的常见手法及思路逻辑拆解，避免观者上当受骗。作为校园暴力受害者，从初中到大学约 10 年间，遭受了长期排挤与欺凌的溪子将其被欺凌的经历作为蓝本，创作了《转校生的抉择》桌游。《转校生的抉择》游戏中的三位主角分别对应欺凌者、被欺凌者和旁观者，把被欺凌特殊群体的孩子写进故事。溪子希望，讲出自己的经历能帮助遭到欺凌的孩子"去争夺话语权，不再停留在'被伤害'的叙事里。希望他们知道，面对欺凌，我们也有能力去反抗"①。这一方式紧跟桌游热点，并结合自身被欺凌的经历，将事件与教育以及游戏结合在一起，获得了第七届 iSTART 儿童艺术节 More One Go 特别关注奖。

三 应急教育短板

2021 年我国应急教育从谋划到试点，走出了体制上的一大步；从传统到创新，走出了方法上的一大步，但应急教育包罗甚广，当前发展仍存在短板和一定缺憾，主要表现为地域特征明显，形式化较严重等。结合国家应急管理发展方向，本书提出专常兼备及人才培育为先的两个发展方向。

1. 应急教育未体现地域特征

在校学生是一个庞大的群体，逐年递增，2021 年已逾 2 亿，且不同年龄段、不同学龄层次与不同地区分布相对复杂，庞大群体加之复杂分布，使应急教育常态化发挥作用较为困难。

困难之一就是群体大。我国学生人数逐年递增，至 2021 年，研究生在校生达到 333.2 万人，本专科在校生达 3496.1 万人，普通高中在校生

① 光明网：《女子将 10 年校园欺凌经历做成桌游：面对欺凌我们也有能力去反抗》（ht-tps：//m. gmw. cn/2021 - 08/15/content_1302488898. htm，2021 年 8 月 15 日）。

达2605万人,中等职业教育在校生达1738.5万人,普通小学在校生达到10779.9万人,特殊教育在校生达92万人,学前教育在校生达4805万人。[1] 如此庞大的群体要进行非考试类的应急教育,本身就具有难度。困难之二就是地域特征明显。不同地域学生可能面临不同的校园风险,如沿海地区面临台风、海啸等极端天气的自然灾害及次生灾害风险,北方面临冰灾、雪灾等气候风险,在偏远山区的学生甚至需要辗转数十里山路上学,不同地域中所带有的地方特色风险难以被一套完美统一的标准所覆盖。困难之三就是师生比分布不均匀带来的应急教育缺位,在发达地区,师生比相对较高,而在欠发达地区,师生比相对较低,除了日常教学外,留给应急教育的人力、物力、财力相对分布不均匀,应急教育实施在地区之间存在一定差异。如2021年"7·20"郑州特大暴雨灾害中,2名中学生骑同一辆电动自行车驶入郑州京广快速路北隧道后被困溺亡,究其原因,市委、市政府主观认为北方的雨不会太大,加之校园安全教育并未做到位,在极端天气下酿成惨祸。[2]

2. 内容敏感混杂,形式化严重

应急教育面对的案例真实且残酷,难以界定其是否可能影响未成年人身心健康。根据联合国教科文组织研究报告,全世界每3个学生就有1个曾遭欺凌。除校园欺凌与校园暴力事件外,身心健康事件、设备安全事件、突发治安事件、周边环境安全事件、意外伤害事件等都极易对学生造成伤害。校园安全事件一旦发生都非小事,其后果相对严重。血腥、暴力、涉黄、涉罪等内容较为敏感,脱敏后的内容又容易降低学生警觉,将其视作儿戏,由是其尺度把握较为困难。应急教育在遭遇敏感内容时,尚未有较好的办法突破敏感内容桎梏,这使有效性大打折扣。

除内容敏感之外,校园安全应急教育也容易流于形式,落地执行困难。其原因一方面是行政上的应付,另一方面是较低概率发生的侥幸心理作祟。对于学校而言,完成应急教育是上级交办的规定任务,部分地

---

① 国家统计局:《国家数据查询》(https://data.stats.gov.cn/easyquery.htm? cn=C01&zb=A0M0202&sj=2021,2021年)。

② 国家应急管理部:《河南郑州"7·20"特大暴雨灾害调查报告》(https://www.mem.gov.cn/gk/sgcc/tbzdsgdcbg/202201/P020220121639049697767.pdf,2022年1月)。

区、部分学校做样子，以形式化手段应付敷衍交差了事。除此之外，校园主体对校园安全事件的高危视而不见，对他人危机经历看作"八卦"，心存侥幸，缺乏危机感，自然在参与应急教育学习中以一种完成任务的心态等闲视之。执行流于形式，学习等闲视之，形式化应急教育不能挽回越来越频发、越来越复杂的校园安全事件中的受害学生，导致参与各方皆受损。

四　应急教育发展方向

前文提出当前应急教育存在群体范围广、地域特征明显，内容敏感及形式化严重等短板。我们结合国家应急管理及应急教育发展方向，提出专常兼备及人才培育为先的两个发展方向。针对应急教育所不足的地区特色教育与常态化教育相结合方面，提出要向专常兼备发展；针对内容敏感、形式化严重中的缺乏专业的应急教育人才与方式，提出以人才培育为先。

1. 应急教育应向专常兼备发展

专常兼备，是应急教育能力的专常兼备，也是应急教育主体的专常兼备，还是应急教育节点的专常兼备。专，即专业化、专门化；常，即常规化、常态化。应急教育能力的"专"，指的是在不同地区根据不同地区特性，将地区特色风险进行针对性研判分析与教学设计，根据地方特色风险组织专业化力量构建专业化应急教育体系。应急教育能力的"常"，指的是将国家试点提炼出的通用型应急教育经验，融入地方专业化应急教育体系中。应急教育主体的"专"，指的是在自然灾害、设备设施安全等相关专业领域，由专业人士进校，构成应急教育主体体系中的专业化力量。应急教育主题的"常"，指的是校内教师作为日常应急教育主体，应充当应急教育主体体系的中坚力量。应急教育节点的"专"，指的是在校园安全事件发生后及时复盘与培训，以安全事件后的快速反应、正面应对与教育作为特殊的应急教育专门节点。应急教育节点的"常"，指的是在特殊节假日、特殊纪念日等常态化应急教育及日常课程中的应急教育。构建专常兼备的应急教育体系，从应急教育能力、应急教育主体及应急教育节点三方面入手，着力提高应急教育的水平和有效性。

2. 应急教育应以人才培育为先

习近平总书记在十九届中央政治局第十九次集体学习讲话时指出，"要加强队伍指挥机制建设，大力培养应急管理人才，加强应急管理学科建设"。① 应急管理部风险监测与综合减灾司司长陈胜表示，"如今，各类风险是相互交织、叠加的，国内国际也会存在着诸多的变化，面临着很多新的挑战"。因此，更应当培养胸怀天下、文理兼修的高层次国家安全人才。② "针对应急管理和国家安全，更迫切的是需要理论和实践相结合的实战型人才，原则性与灵活性相结合的创新性人才，综合性与专业性相结合的复合型人才。"③

我国的应急管理人才的培养，取得了显著的进步。在对十三届全国人大三次会议代表提出加强应急管理人才培养建议的回复中，教育部盘点了应急管理人才培养的相关做法。这些做法主要包括以下几点。(1) 加强应急管理相关学科专业建设，除已设置的安全工程、火灾勘查、消防工程、救助与打捞工程、抢险救援指挥与技术等相关专业外，北京大学、清华大学、南京大学、中南大学等 20 所代表性高校先试先行，结合自身学科特色优势，聚集 2—3 个应急管理重点领域或方向，重点发力，重点突破，高水平开展应急管理学科建设，为推进应急管理体系和治理能力现代化提供智力和人才支撑，同时也为应急教育提供方向的引导。(2) 开展应急领域相关专业第二学士学位教育，培养复合型人才。(3) 加快推进应急管理领域新工科建设，探索建立人才培养的新理念、新标准、新模式、新方法、新技术、新文化。(4) 加强应急管理相关专业人才培养指导。(5) 积极开展相关领域在线开放课程建设，认定国家精品在线开放课程 1291 门，在"爱课程""学堂在线"等开放课程平台上线使用。课程可供高校学生和社会大众在线学习，推动了应急教育在社会范围内的普及。

---

① 《习近平在中央政治局第十九次集体学习时强调　充分发挥我国应急管理体系和优势积极推进我国应急管理体系和能力现代化》，《人民日报》2019 年 12 月 1 日第 1 版。

② 环球网：《推进国家安全教育，高校如何发力》（https：//baijiahao. baidn. com/s？id：1697432739022702245，2021 年 4 月 19 日）。

③ 环球网：《推进国家安全教育，高校如何发力》（https：//baijiahao. baidn. com/s？id：1697432739022702245，2021 年 4 月 19 日）。

下一步，应急管理人才将按需求导向、标准导向、特色导向被培养，在相关学科建设和人才培养工作的不断开展中提高应急能力。①

第三节　校园安全治理重点及未来发展趋势

校园安全事件种类繁多，构成复杂，表现形式多样，甚至展现出安全事件边界模糊化、融合化的倾向。本部分我们结合 2021 年校园安全事件及应急教育发展，梳理校园安全事件的预防与应对，从立法中寻找校园安全治理重点，并最后对发展方向及趋势进行探讨。

一　校园安全治理重在预防

近年来，随着经济社会快速发展，未成年人的成长环境发生很大变化。最高人民法院研究室副主任周加海表示："性侵、虐待、校园欺凌等严重侵害未成年人权益的违法犯罪，以及未成年人实施的恶性暴力犯罪仍然时有发生。一些案件不断突破社会道德和法律底线，后果十分严重，影响十分恶劣，全社会高度关切。"② 涉及未成年人的案件虽然总量不大，但各方关切、影响重大。我国在校园安全治理的过程中，注重立法先行。2021 年，我国颁布的与未成年人相关的法律、法规、司法解释、部门规章达 211 部，为历年最高。从这些法律法规中，可以窥到 2021 年与校园安全治理相关的热点讯号。

1. 把握规律，预防犯罪

近年来，校园欺凌事件频发，后果严重，越来越多的校园欺凌及校园暴力事件被曝光，越来越多具有较大影响力的社会主体参与讨论，校园欺凌与校园暴力逐渐成为校园安全管理的重点。2021 年 5 月 25 日，教育部第一次部务会议审议通过《未成年人学校保护规定》，对欺凌提出了完善的定义，即"（一）殴打、脚踢、掌掴、抓咬、推撞、拉扯等侵犯他

---

① 中华人民共和国教育部：《对十三届全国人大三次会议第 2880 号建议的答复》(http://www. moe. gov. cn/jyb_xxgk/xxgk_jyta/jyta_gaojiaosi/202101/t20210125_510969. html，2020 年 12 月 1 日）。

② 青瞳视角：《最高法：性侵、虐待、校园欺凌等严重侵害未成年人权益的犯罪时有发生》(https://baijiahao. baidn. com/s? id=1693815615744299335，2021 年 3 月 10 日）。

人身体或者恐吓威胁他人；（二）以辱骂、讥讽、嘲弄、挖苦、起侮辱性绰号等方式侵犯他人人格尊严；（三）抢夺、强拿硬要或者故意毁坏他人财物；（四）恶意排斥、孤立他人，影响他人参加学校活动或者社会交往；（五）通过网络或者其他信息传播方式捏造事实诽谤他人、散布谣言或者错误信息诋毁他人、恶意传播他人隐私。学生之间，在年龄、身体或者人数等方面占优势的一方蓄意或者恶意对另一方实施前款行为，或者以其他方式欺压、侮辱另一方，造成人身伤害、财产损失或者精神损害的，可以认定为构成欺凌"[①]。规定还指出，学校应当落实法律规定，建立学生欺凌防控和预防性侵害、性骚扰等专项制度，建立对学生欺凌、性侵害、性骚扰行为的零容忍处理机制和受伤害学生的关爱、帮扶机制。

2021 年，我国施行新《未成年人保护法》及新《预防未成年人犯罪法》，这两部法律从未成年人着眼，从规范未成年人成长的长远利益出发，既防范犯罪，又防范风险。《未成年人保护法》在尊重未成年人的人格尊严、适应未成年人身心发展的规律和特点和教育与保护相结合的基础上，添加并明确了给予未成年人特殊、优先保护，保护未成年人隐私权和个人信息，听取未成年人的意见的保护思路。《预防未成年人犯罪法》则立足于教育和保护未成年人相结合，坚持预防为主、提前干预，对未成年人的不良行为和严重不良行为及时进行分级预防、干预和矫治。两部法律从正反两个方向保护了未成年人利益与权益，以立法的形式避免其受到各类伤害。

2. 面向网络，筑高壁垒

随着网络日渐发达，未成年人上网学习、娱乐已成常态。然而电信诈骗、网络贷款等网络安全事件存在于未成年人上网的全过程中，稍有不慎便容易受各类诱惑在网络中受骗。2021 年施行的新《未成年人保护法》中添加了网络保护的章节，对网络内容、安全措施、防沉迷、信息处理、网络游戏、时长限制、直播内容发布、违法犯罪等做出了法律界定。此外，有关金融、借款等相关网络风险，银保监会官网发布《关于进一步规范大学生互联网消费贷款监督管理工作的通知》，明确指出小额

① 中华人民共和国教育部：《未成年人学校保护规定》(http://www.moe.gov.cn/srcsite/A02/s5911/moe_621/202106/t20210601_534640.html，2021 年 6 月 1 日)。

贷款公司不得向大学生发放互联网消费贷款，进一步加强消费金融公司、商业银行等持牌金融机构大学生互联网消费贷款业务风险管理，明确指出未经监管部门批准设立的机构一律不得为大学生提供信贷服务。① 不同法律从网络服务监管到网络金融监管两个维度，将电信诈骗及网络贷款当前可能的通路做出限制，最大限度上避免因钻法律空子而产生网络安全事件。

3. 多面保护，长效整治

除了热点与新发的校园欺凌与暴力和网络安全之外，针对其他类型的校园安全事件，我国在 2021 年也进行了多类型、多角度的立法保护，以期通过定期整治、长期监管，形成长效保护机制。如针对心理健康，教育部印发《关于加强学生心理健康管理工作的通知》，要求针对学生在学习、生活、人际关系和自我意识等方面可能遇到的心理失衡问题，主动采取举措，避免因压力无法缓解而造成心理危机。针对食品安全，市场监管总局、教育部、国家卫健委、公安部四部门联合印发《关于做好2021 年春季学期学校食品安全工作的通知》，要求学校食堂原则上自主经营，对外承包或委托经营食堂的学校，要充分听取家长委员会或学生代表大会、教职工代表大会意见。学校食堂不得制售冷荤等食物。针对健康体检的保护机制，国家卫生健康委、教育部对 2008 年印发的《中小学生健康体检管理办法》进行了修订，形成《中小学生健康体检管理办法（2021 年版）》。

此外，在长效机制上，2021 年我国也着力进行校园安全事件治理探索。如《未成年人学校保护规定》指出学校应当成立由校内相关人员、法治副校长、法律顾问、有关专家、家长代表、学生代表等参与的学生欺凌治理组织，负责学生欺凌行为的预防和宣传教育、组织认定、实施矫治、提供援助等。此外，2021 年最高人民检察院、教育部联合出台了《检察官担任法治副校长工作规定》，规定检察官担任法治副校长期间，要履行以下职责：（1）联系学校实际，结合学生特点和办理涉未成年人

---

① 中国政府网：《中国银保监会等五部委联合发布〈关于进一步规范大学生互联网消费贷款监督管理工作的通知〉》（http://www.gov.cn/xinwen/2021 - 03/17/content_5593571.htm，2021年 3 月 17 日）。

案件情况开展法治宣传教育，指导、帮助道德与法治等课程教师开展法治教育；（2）指导学校落实未成年人保护责任，依法保护学生权益，协助帮扶受到违法犯罪侵害的学生，协调开展司法救助、心理疏导、身体康复、生活安置等多元综合救助；（3）指导学校开展未成年人犯罪预防，协助对违规违纪情节严重的学生或者有不良行为、严重不良行为的学生予以教育惩戒、管理教育或者矫治教育；（4）会同学校、相关部门，联合司法社工等对相对不起诉、附条件不起诉，以及被判处非监禁刑的学生实施精准帮教，根据需要对涉罪未成年学生的法定代理人、监护人开展家庭教育指导；（5）协助学校依法处理安全事故纠纷，妥善处理在校教师、学生违法犯罪案件，严肃查处侵害师生合法权益和滋扰校园的案件，参与学校周边环境整治，及时向政府相关职能部门等提出意见建议，推动建立长效工作机制，维护学校周边社会秩序；（6）指导、协助学校、教师履行法律法规规定的其他工作。[①]

二 校园安全治理发展方向和趋势

2021 年，校园安全事件数量回温、更为易感的同时，边界越发模糊。新形势为校园安全治理带来了更多亟待解决的问题，但立法的不断完善、标准的不断制定、机制的不断建立，都让校园安全治理在与新问题博弈的过程中逐渐向好。针对校园安全事件所暴露出来的问题及当前应急治理短板，本节将对未来发展方向与趋势进行探讨，以期减少校园安全事件，提升校园安全水平。

1. 关口前移，预防为主

最好的校园安全治理，就是防患于未然。推动校园安全治理关口前移，以预防为主。做好预防，需要做好应急教育，尤其是应急知识、应急技能和应急心理的培养。

关口前移，首先要转变理念，从被动等待校园安全事件发生乃至产生冲突后进行应急处置，转为提高警觉主动监测、发现问题并及时干预，避免校园安全风险发展为校园安全事件。在这一过程中，关键点在于师

---

① 《最高人民检察院、教育部联合印发〈检察官担任法治副校长工作规定〉》（https：//www. spp. gov. cn/xwfbh/wsfbt/202201/t20220110_541193. shtml#1，2022 年 1 月 10 日）。

德师风培育、教师风险意识与应急教育能力的培养。漠视霸凌玩忽职守、缺乏耐心主动霸凌等缺乏师德、违反法律法规的思维与言行需要被摒弃。例如湖南检察机关办理校园性侵案时发现，某校两名负责人知情后既未调查核实也未向有关部门报告，依法以玩忽职守罪追究其刑事责任。此类事件是需要被引以为戒的。

其次，需要提升风险预判与防范的能力。校园安全事件类型繁多、事件复杂、边界模糊，对于校园安全负责人来说，更需要提升风险预判与风险防范的能力。同时，要以应急教育能力、应急教育主体及应急教育节点专常兼备的思路带动提升校园内多主体风险预判与防范能力。另外，基于不同地区所具有的地区特色，如留守儿童地区、经济相对欠发达地区，以及流动人口较大的地区，应有在基础风险预判与防范能力之上的特殊情况预警与应对的能力。如青岛平度市一教师预判风险救下中煤毒一家一例，可见提升风险预判与防范能力，是关口前移、做好预防的必要条件之一。

最后，需要挖掘风险产生的根源，疏而非堵。应对校园安全风险时，刻舟求剑式照搬安全手册并非最优解。校园安全事件致因千差万别，同一类型事件可能有不同致因，需要有挖掘风险产生根源的能力，以应对校园安全风险中层出不穷的新形势、新变化和新手段。同时，找到风险源需要及时疏通而非压制。校园安全责任主体若能以一种长期主义的视角看待校园安全风险源，才有可能在解决当前校园安全风险的同时，最大限度化解风险，达成教育目的。

2. 长效应对，更有人情味

防患于未然是理想状态，当校园安全风险被导火索引燃、爆发出校园安全事件时，解决争端、化解危机、缓和矛盾和惩戒处置均需要更强的应对与治理能力。校园安全事件主体大多为学生，未成年人的特殊法律地位与行为水平需要更有人情味的处置，将惩戒、教育与规劝合二为一，进而实现更长效地应对。这种权变更需人情味的加持。

校园安全事件处置需要更加注重心理致因。校园安全事件中显著的心理致因为次生影响埋下了伏笔，要实现长效避免，需要深入挖掘校园安全事件形成的心理动因，寻找矛盾、分析矛盾、化解矛盾。事实证明，简单粗暴的处置，难以服众，后续还会造成更严重的次生校园安全事件乃至违法犯罪事件。由此，需要更加关注相关主体心理状态。

校园安全事件处置需要注重方式方法。学生群体相对单纯，思维较为线性，单纯惩戒甚至可能达不到教育与规劝的效果。基于未成年人的特殊身份与法律地位，需要探索更加具有教育意义的方式方法。如湖北黄石两初中生打架，社会危害不算严重，情节尚轻，不及治安管理处罚法相关条例处置规定，由此警察批评教育后罚其抄写《中华人民共和国治安管理处罚法》相关条例。这一方法对两名初中生实施了惩戒与普法双重教育，让处罚恰到好处，也教育了其远离违法犯罪，走上正确的人生道路。

最后是校园安全事件治理更需要恰当应对与共同应对。校园安全事件处置中，大部分教育者与被教育者为对立双方，对立情绪的渲染极易导致应急教育失败。将教育者与被教育者同置于相同状态下，以共情的心态，主动响应、统一战线，避免逃避、隐瞒、扩大事态，才能真正实现校园安全事件的有效响应与处置。

第 二 章

校园安全政策的注意力分析

　　校园安全关乎我国教育体系健康发展与社会和谐稳定。自 1986 年《中华人民共和国义务教育法》颁布以来，加之依法治教理念的不断深化和国家安全观念的整体提升，我国校园安全问题受到党和国家的日益关注。构建完善的校园安全管理体系与防范处置风险事件离不开公共政策的引导与支持。为此，我国政府部门颁布了一系列的政策法规。然而，现有校园安全政策在事故多发的现实面前回应乏力，政策缺位与执行低效历来为学界所诟病。① 这种"政策繁多，运行低效"的困境成为制约当前校园安全政策发展的难题。如何从政策层面上筑牢校园安全防线，以健全现有政策体系并提高政策产出效果，这需要对我国校园安全政策的历史演进图景进行整体把握，对其动态演化过程进行归纳分析。因此，本章以教育部发布的 32 份《工作要点》②为研究对象，以注意力理论为基础，从政策结构维度来考察政策注意力的配置与转移，深入分析我国校园安全政策体系存在的不足，以期丰富我们对校园安全政策体系的基本认识与理解。这对于新时期我国政府部门进行校园安全政策制定与调整也具有重要现实意义。

---

　　① 程天君、李永康：《校园安全：形势、症结与政策支持》，《教育研究与实验》2016 年第 1 期。

　　② 说明：教育部于 1987 年开始公开发布《工作要点》，由于 1998 年、2008 年、2020 年教育部未公开发布，因此本章使用 1987—2021 共 32 份政策文本进行分析。另外，由于教育职能部门设置变化，《工作要点》在 1987—1997 年称为《国家教委工作要点》，1999 年开始改名为《教育部工作要点》。

第一节　校园安全政策概述

一　校园安全政策体系

1. 校园安全政策体系的构成要素

校园安全政策体系，是指国家权力机关和行政机关直接制定的，用于保障校园安全的各种法律、法规、规章和规范性文件的总称。它是由多种要素相互作用形成的复杂系统，这些要素主要包括：政策主体、政策客体、政策工具、政策目标以及政策环境等。

政策主体是指在特定政策环境中直接或间接地参与政策制定、实施和评估的个人或组织。政策制定主体的明确与否在很大程度上影响政策属性和政策运行的方向。[①] 目前，我国校园安全政策制定的政府部门具有多元化特征，例如全国人民代表大会、国务院、教育部、财政部等国家立法机构、行政决策执行机关等。除此之外，非政府参与者主要包括政治党派、相关利益集团、大众传媒、社会公众等，相较于政府机构决策者而言，尽管他们对校园安全政策制定过程的影响较为间接，但同样是校园安全政策制定中不可忽视的重要主体。

政策客体是指政策实施中将要解决的现实问题和会受到影响的目标群体。按照教育部划分的中国教育体系，校园教育系统主要由两大部分组成：一类是普通教育，包括学前教育、初等教育、中等教育和高等教育四个阶段；另一类则是面向社会群体的成人教育，主要包括成人初等学校、成人中等学校以及广播电视大学等。本章的校园安全政策分析主要面向幼儿园、初高中及高校学生等目标群体展开。

政策工具是政府用来影响政策执行的经济与社会变量，即政府用于达到一定目的的政策措施和手段。目前，学界对政策工具的分类有不同的界定，以政府介入程度为依据，可以将政府使用权威的程度和提供公共物品（服务）的介入程度一并纳入分类标准，将政策工具划分为经济性工具、行政性工具、管理性工具、政治性工具和社会性工具五大类，

---

① 童星、张乐：《国内社会稳定风险评估政策文本分析》，《湘潭大学学报》（哲学社会科学版）2015 年第 5 期。

或可以将政策手段划分为规制手段、经济手段、宣传教育工具三大类。

政策目标是指政府通过政策实施所需要达到的对政策问题解决的期望程度和水平。明确的政策目标是制定政策的前提，只有正确的选择与确定政策目标，才能保证由此形成正确的政策方案，从而实现政策问题的彻底解决。依据政策目标的地位，可将政策目标分为元目标与次目标；从政策目标所着眼的时间范围入手，政策目标可分为长远目标与近期目标；政策客体可分为普通社会大众与社会少数人群体，在此基础上，政策目标可有公益性政策目标与特殊性政策目标之分。① 一般而言，校园安全政策制定的目标在具体文件中有明确的体现：

（1）《中小学幼儿园安全管理办法（2006）》第一条指出，政策颁布目的在于"加强中小学、幼儿园安全管理，保障学校及其学生和教职工的人身、财产安全，维护中小学、幼儿园正常的教育教学秩序"；

（2）《教育系统事故灾难类突发公共事件应急预案（2009）》第一条指出，编制目的在于"保障学校师生员工生命和财产安全，维护学校正常的教育教学秩序，维护社会稳定"；

（3）《中华人民共和国学校安全管理条例（建议稿2015）》指出，立法目的在于"预防和减少学校安全事故，控制、减轻和消除学校安全事故引起的危害，规范学校安全活动，保护学生、教职工、学校的合法权益，维护教育教学秩序"。

另外，校园安全政策系统的构成要素还包括政策环境。政策环境是指公共政策得以制定实施的一系列因素与条件的总和。按照系统论的观点，凡是影响政策存在、发展及其变化的因素皆构成政策环境，包括政治环境、经济环境、自然环境、国际环境等。

2. 校园安全政策的基本形式

校园安全政策的作用在于规范和指导有关机构、团体或个人的行动。一项好的校园安全政策，首先要对政策问题有一个明确界定，掌握政策目标，清楚界定政策参与者、影响群体及对社会整体的预期影响。其次，要有解决问题的方案，明确实施机构、具体管理方式。最后，要有监督与评估，以保障校园安全政策有效执行。目前，校园安全政策的表达形

---

① 宁骚主编：《公共政策学（第二版）》，高等教育出版社2011年版。

式主要包括法律、行政法规、部门规章和地方性法规等。需要指出，校园安全政策话语并非完全来源于专门的校园安全政策法规文件，而常常见诸相关安全规定的政策文件。

（1）校园安全相关法律

校园安全政策是我国教育政策的重要组成部分，受到国家政治、经济、法律等因素的制约，尤其是离不开相关法律的指导。校园安全法律体系以《中华人民共和国宪法》中对学校安全的规定为基础。1995 年 3 月，《中华人民共和国教育法》的颁布，标志着中国教育工作进入全面依法治教的新阶段，其中第七十二条规定："结伙斗殴、寻衅滋事，扰乱学校及其他教育机构教育教学秩序或者破坏校舍、场地及其他财产的，由公安机关给予治安管理处罚；构成犯罪的，依法追究刑事责任。"2006 年新修订并实施的《中华人民共和国义务教育法》第二十四条规定："学校应当建立、健全安全制度和应急机制，对学生进行安全教育，加强管理，及时消除隐患，预防发生事故。"《中华人民共和国突发事件应对法》第三十条规定："各级各类学校应当把应急知识教育纳入教学内容，对学生进行应急知识教育，培养学生的安全意识和自救与互救能力。"《中华人民共和国未成年人保护法》第三章"学校保护"中，明确规定了学校对于未成年人保护应尽的职责："学校、幼儿园、托儿所应当建立安全制度，加强对未成年人的安全教育，采取措施保障未成年人的人身安全。"

（2）校园安全相关行政法规

校园安全行政法规是维护学校正常的教育教学秩序，保证师生合法利益的基础。例如，2010 年 7 月，中共中央、国务院印发了《国家中长期教育改革和发展规划纲要（2010—2020 年）》，这是 21 世纪我国第一个中长期教育改革和发展规划，是今后一个时期指导全国教育改革和发展的纲领性文件。另外，《国务院关于特大安全事故行政责任追究的规定》（2001）第十条中明确规定，"中小学校对学生进行劳动技能教育以及组织学生参加公益劳动等社会实践活动，必须确保学生安全。严禁以任何形式、名义组织学生从事接触易燃、易爆、有毒、有害等危险品的劳动或者其他危险性劳动"；《中华人民共和国传染病防治法实施办法》（2005）第十二条规定，"儿童入托、入学时，托幼机构、学校应当查验预防接种证"；《学生伤害事故处理办法》第十六条规定，"发生学生伤害事故，情形严重的，学校应当及时向主管教育行政部门及有关部门报告；属于重大伤亡事故的，教育行政部门应当按照有关规定及时向同级人民政府和上一级教育行政部门报告"；《中小学幼儿园安全管理办法》第十六条规定，"学校应当建立校内安全工作领导机构，实行校长负责制；应当设立保卫机构，配备专职或者兼职安全保卫人员，明确其安全保卫职责"。

（3）校园安全相关部门规章

校园安全部门规章在保障学校以及学生和教职工的人身、财产安全，构建和谐、安全校园方面具有重要作用。例如，2016 年教育部印发的《督学管理暂行办法》中明确指出，"新聘督学上岗前应接受教育学、心理学、教育管理、学校管理、应急处理与安全防范等相关理论和知识方面的培训"；《学校体育运动风险防控暂行办法》（2015）第七条规定，"学校应当建立校内多部门协调配合、师生员工共同参与的学校体育运动风险防控机制，制订风险防控制度和体育运动伤害事故处理预案，明确教务、后勤、学生管理、体育教学等各职能部门的职责，组织和督促相关部门和人员履行职责，落实要求"；《普通高等学校学生管理规定》（2016）第三十九条规定，"学校、学生应当共同维护校园正常秩序，保障学校环境安全、稳定，保障学生的正常学习和生活"。

二　校园安全研究进展

长期以来，校园安全既是社会关注的热点议题，也是学界持续研究的重点领域，但校园安全政策的研究方兴未艾。通过检索"中国期刊全文数据库（CNKI）"，截止到 2022 年 4 月底，篇名含"校园安全"或"学校安全"的期刊论文达到 15299 篇，其中涉及"校园安全政策"或"学校安全政策"的论文仅 57 篇。梳理文献发现，当前国内学界围绕"学校安全管理"的主题研究大致聚焦于"何不安全""缘何发生"和"如何保障"三个切入视角。

"何不安全"即校园安全的内容与范畴界定问题，其前提是厘清校园安全这一基本概念。何谓校园安全？对其内涵可以从狭义和广义的视角进行解读。从狭义上看，校园安全指校园师生的人身财产安全，或者直接等同于"学生安全"。① 从广义上看，校园安全则是包括在校人员人身、财产、思想意识以及校园环境在内的综合性安全。② 从物理边界和管理范围看，校园安全又是一个系统性的概念，包括校园安全与校园外部安全。③ 校园安全外延则是对校园安全类型的分类。2007年教育部制定的《中小学公共安全教育指导纲要》中，将公共安全教育内容分为社会安全、公共卫生、意外伤害、网络信息安全、自然灾害以及影响学生安全的其他事故或事件六种。因此，从教育政策视角看，校园安全政策的主体是面向在校学生、教职工以及校园和周边环境，客体是威胁师生人身、财产安全和人格保全的风险因素，目标是保持校园环境内稳定和谐的状态。

"缘何发生"是对我国校园安全事件成因进行分析，解构当前校园安全管理在体制机制、思想意识等建设中的不足。现有研究从不同学科、理论视角解读了校园安全事故频发的原因。具体来看，林鸿潮从校园资源约束视角认为，资源不足导致了校园安全管理中权、责、能之间的严重错配，并造成校园对突发事件的应对长期处于事后被动回应的水平。④ 杨颖秀针对频发的校园安全问题分析认为，政策低效原因之一在于将结构性教育问题认定为过失性教育问题，从而导致教育政策的问题构建错误。⑤ 另外，作为推动我国校园安全制度化的关键，《校园安全法》仍处于空缺状态，也受到学者的广泛关注。⑥

"如何保障"即校园安全管理体系构建策略问题，学者们主要从借鉴国外经验和总结本土实践两条路径展开。一方面，针对不同类型的校园安全风险，介绍国外校园安全管理有益启示成为国内学者的重要研究路

---

① 王鹰：《外国中小学校的校园安全》，《中国教育法制评论》2003年第1期。

② 劳凯声：《学校安全与学校对未成年学生安全保障义务》，《中国教育学刊》2013年第6期。

③ 方益权：《社会安全视野下的学校安全立法研究》，《苏州大学学报》（哲学社会科学版）2018年第3期。

④ 林鸿潮：《试论中小学安全管理创新——以学校的资源约束为视角》，《教育研究》2014年第3期。

⑤ 杨颖秀：《结构性教育问题的危机与解除危机的教育政策重构——学校安全问题屡禁不止的政策分析》，《教育理论与实践》2006年第1期。

⑥ 林鸿潮：《论学校安全立法及其制度框架》，《教育研究》2011年第8期。

径。如在校园欺凌防治上，不同学者介绍了美国、澳大利亚、法国等国家关于中小学反校园欺凌的经验做法；① 在校舍安全上，日本和美国的校舍安全管理经验与风险防范做法得到广泛推介；② 在教育政策制定上，刘杰等与加拿大校园安全管理政策对比，认为我国校园安全管理需要增加制定"反歧视""反性骚扰和性侵害"的政策内容。③ 另一方面，本土案例的探讨与思考也成为学者研究的可行路径，"校园安全立法"必要性、完善体制机制、风险识别与预警、综合治理等方面受到广泛关注，如易招娣从多元治理视角出发，探讨了政府、社区、学校和家庭等社会群体组织有效纳入校园安全主体体系的路径。④

　　既有研究成果基本清晰展示了校园安全管理研究的主要进展。一般而言，政府应对校园安全管理的资源是有限的，面对"拥挤繁多"的政策议题，不得不有所选择地优先处置一些重要而紧迫的事项与挑战。美国学者布莱恩·琼斯在西蒙有限理性理论基础上，将具有稀缺性特征的注意力资源引入政府决策领域，认为公共政策稳定或转变的根本原因在于政策制定者们偏好的注意力变化。⑤ 那么，在我国情境下，究竟哪些校园安全问题优先纳入了决策者的政策制定议程？政策制定者偏好变化又呈现怎样的逻辑特征？回答这两个问题，实质上要求对我国校园安全政策注意力的配置与转移特征进行深入考察。有鉴于此，本章聚焦于政策注意力的理论视角，特运用内容分析与频数统计法，系统梳理 1987—2021 年教育部连续发布的 32 份《工作要点》，结合政策环境与实践因素，探究我国校园安全政策注意力变化，以厘清政策变迁历程和政策演变的

---

① 孙继静：《美国反校园霸凌法律政策探究及启示》，《山西师大学报》(社会科学版) 2018年第 5 期；冯帮、何淑娟：《澳大利亚中小学反校园欺凌政策研究——基于〈国家安全学校框架〉解读》，《外国中小学教育》2017 年第 11 期；冯帮：《法国中小学反校园欺凌政策探析》，《比较教育研究》2017 年第 10 期。

② 杨宇：《日本和美国的校舍安全政策及其启示》，《清华大学教育研究》2018 年第 2 期。

③ 刘杰、余桂红、曾雯：《加拿大大学校园安全管理：政策支持、实施及启示》，《中国地质大学学报》(社会科学版) 2019 年第 1 期。

④ 易招娣：《校园安全治理视角下社区犯罪预警机制的建构》，《教育研究》2016 年第 6 期。

⑤ 王家峰：《认真对待民主治理中的注意力——评〈再思民主政治中的决策制定：注意力、选择和公共政策〉》，《公共行政评论》2013 年第 5 期。

逻辑特征及其发展不足。

第二节 校园安全政策注意力的研究设计

一 理论基础与分析框架

注意力（attention）最初是来自心理学领域的重要概念，被广泛用于解释管理者的决策行为及变化。1947 年，决策学派的代表人物西蒙在《行政行为》中将注意力引入管理学研究，并定义为：管理者选择性地关注某些信息而忽略其他部分的过程。他将注意力理论建立在有限理性的基础上，认为由于管理者认知的局限性与信息成本约束，决策的关键在于如何有效地配置其有限的注意力。[①] 对于政策制定者而言，在复杂的任务环境下，信息超载导致政策制定者的信息处理能力有限，加剧了政策注意力的稀缺性，只能将有限的公共资源投入所关注到的议题之中。

政策注意力可以从注意力配置和注意力转移两个角度来研究。注意力配置也称注意力分配，是从静态的政策结构上来考察决策者将有限注意力分配在哪些现有问题。公共政策结构包括政策主体、政策客体、政策环境和政策工具等要素。[②] 其中，公共政策客体是指公共政策所发生作用的对象，包括所要解决的社会问题和所要影响的社会群体。政策工具是指政策主体为达成一定政策目标而采用的具体方式和手段。[③] 注意力配置问题实质上要求回答决策者将政策注意力分配到哪些环节或领域，揭开政策注意力结构的黑箱。注意力转移则是从过程上跟踪注意力的动态变化。个人决策者和政治系统都倾向于在不同的时间关注不同的问题。从时间维度上对校园安全政策注意力的逻辑分析有助于系统展现政策演变的整体图景。可见，公共政策就是特定时期内决策者注意力配置状况的直观呈现。总的来说，政策体系是一个纵横交错的网络模式，具有明

[①] 吴建祖、王欣然、曾宪聚：《国外注意力基础观研究现状探析与未来展望》，《外国经济与管理》2009 年第 6 期。

[②] 许阳：《中国海洋环境治理政策的概览、变迁及演进趋势——基于 1982—2015 年 161 项政策文本的实证研究》，《中国人口·资源与环境》2018 年第 1 期。

[③] 文宏、赵晓伟：《政府公共服务注意力配置与公共财政资源的投入方向选择——基于中部六省政府工作报告（2007—2012 年）的文本分析》，《软科学》2015 年第 6 期。

显的主题变迁性和时序性。通过对政策文本的内容量化研究,即政策对象、政策工具、政策目标等分析维度在时序上的变化,有助于对政策发展进行比较分析和趋势判断。① 鉴于此,本章提出了"结构—时序"维度下的校园安全政策注意力分析框架,即从政策结构维度去考察注意力配置问题以及从政策演进维度去厘清注意力转移问题。

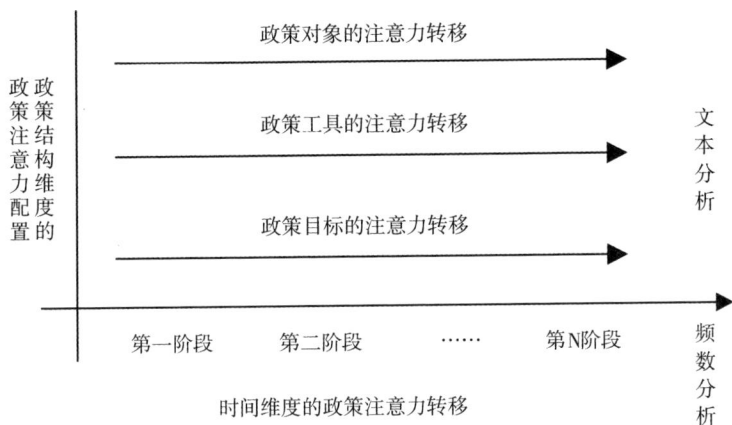

图 2-1 "结构—时序"维度下的学校安全政策话语分析框架

二 数据来源与样本选取

当前,学界对公共政策的分析样本主要来源于政府官方网站、第三方提供的政策文本库(如北大法宝)等,这种数据搜集方式至少存在两点不足:一是搜集样本差异大。不同研究者基于概念操作化差异以及遴选政策样本原则不同,加之政策样本与研究主题的关联度差异,对于政策文本的考察存在较大的主观选择空间。二是搜集样本不全面。理想的政策变迁研究需要基于相关政策的连续全样本,便于全面清晰展现政策脉络。由于电子政府建设起步较晚,早期政策文本的缺失问题容易造成政策数量演进中难以解释的异常波动或间断现象。而政策文献的遗漏会对研究结论产生很大影响。以上两点可能有失政策变迁阶段划分的科学性和合理性。而且,内容分析选取样本标准需要具备符合研究目的、信

---

① 黄萃主编:《政策文献量化研究》,科学出版社 2017 年版。

息量大、具有连续性、内容体例基本一致等特点。① 因此，本章选择教育部《工作要点》为样本来源，以弥补以上两点不足。

《工作要点》是教育部每年年初颁布的指导性文件，涉及教育领域的方方面面，对于教育政策的制定具有基础性和先导性。虽然它并不是正式颁行、具有行政效力的规定性文件，但属于"教育行政部门在一定时期内为实现一定教育目的而制定的关于教育事务的行动准则"的范畴，属于广义上的教育政策。② 《工作要点》具有两点优势：一是政策颁布的连续性，便于观察政策注意力的演进脉络；二是政策主题的全面性与规范性，便于从政策情景系统反映校园安全的政策结构体系（见表 2 - 1）。由于它并非仅限于校园安全的政策话语，所以本章严格遵循校园安全的政策内涵，逐年将与校园安全相关的政策话语提取出来，形成校园安全政策话语库。

表 2 - 1　　　　　　　教育部《工作要点》中相关话语文本示例

年份	教育部《工作要点》的具体条文
1987	• 加强和改进思想政治工作，进一步稳定高等学校的局势； • 要采取有力措施稳定和提高学校的思想政治工作队伍； • 要加强中、小学生的思想品德教育，发布关于加强中小学思想政治工作的决定
1988	• 高等学校要认真贯彻中央关于改进和加强高等学校思想政治工作的决定……要继续注意稳定好局势。要开好中小学思想政治教育工作会议
1989	• 切实改进高等学校党的工作和思想政治工作； • 制订强化高等学校校园管理和校风校纪建设的原则性规定，建立主管部门对学校工作检查、督促的责任制，大力整顿学校秩序，加强治安保卫工作
1990	• 落实德育在学校工作中的首要位置，稳定教育战线的形势； • 彻底搞好清查、清理和对有关人员的处理工作……进一步加强对学籍、教学和校园秩序的管理，严格校纪校风，努力消除各种不稳定因素

---

① 陈阳主编：《大众传播学研究方法导论》，中国人民大学出版社 2007 年版。

② 李文平：《我国政策话语对高等教育质量的关注及演变——基于 1987—2016 年〈教育部工作要点〉的文本分析》，《教育发展研究》2016 年第 11 期。

年份	《教育部工作要点》的具体条文
1991	• 加强中小学的常规管理。制订《中小学管理条例》、《中小学工作规程》、《中小学校园管理规定》……检查中小学生安全工作措施; • 进一步做好稳定学校局势的工作……拟定《高校保卫工作条例》
1992	• 继续做好稳定学校局势的工作; • 加强教育立法和执法工作。贯彻实施《未成年人保护法》……修改《教育法》草案,草拟《普通高等学校工作条例》及其它行政法规
1993	• 继续做好稳定高校局势的工作; • 抓好中小学办学条件标准化建设
1994	• 研究、引导、处理高校出现的各类敏感与热点问题,继续保持高等学校的稳定
1995	• 认真抓好面向全体学生的体育、美育、安全教育和国防教育工作; • 进一步抓好校园秩序管理和校园治安综合治理工作……及时引导、处理学校出现的敏感与热点问题,继续保持高等学校的稳定
1996	• 及时处理高校改革发展过程中出现的各种热点问题,继续做好高校稳定工作,加强校园治安综合治理
1997	• 进一步加强对高校稳定工作的统一指导,改进并加强形势政策教育……会同有关部门加大高等学校的治安综合治理力度,及时处理好各种热点问题与突发事件
1999	• 加强和改善学校的党建工作和思想政治工作,确保高校稳定的政治局面

注:1998 年教育部未公示当年工作要点。

三 研究思路与研究方法

校园安全政策注意力分析的研究思路分为建立校园安全政策文本库、构建校园安全的分析维度、构建分析维度的关键词库、划分校园安全政策演进阶段以及分析不同阶段的政策演进逻辑五个步骤(见图 2 - 2)。在研究方法上,主要运用内容分析法,它是目前测量注意力最常用的方法,[①] 可以将非定量的文本材料转化为定量数据,并根据数据特征进行相关判断和推论,其最大特点即定量与定性相结合。[②] 从本质上看,内容分析法是一种编码,而编码是将原始材料转化成标准化材料的一种形式。

---

① 刘景江、王文星:《管理者注意力研究:一个最新综述》,《浙江大学学报》(人文社会科学版) 2014 年第 2 期。

② 沙勇忠主编:《信息分析》,科学出版社 2016 年版。

总的来说，研究方法分为两步：一是定性分析。利用 Nvivo 12.0 对政策文本库进行编码，形成分析维度，即通过厘清校园安全政策的结构维度来回应注意力配置问题。二是定量分析。利用集搜客（GooSeeker）软件进行分词与选词处理，从政策文本的不同维度构建关键词库，以及根据关键词定位进行句频与词频统计，从而测量政策话语的绝对注意力或相对注意力，即通过校园安全的政策变迁来回应注意力的转移问题。为了减轻政策话语的波动性，更为合理地衡量政策注意力的变化趋势，本章主要以相对注意力来测量不同维度、不同阶段下政策注意力的演进过程。

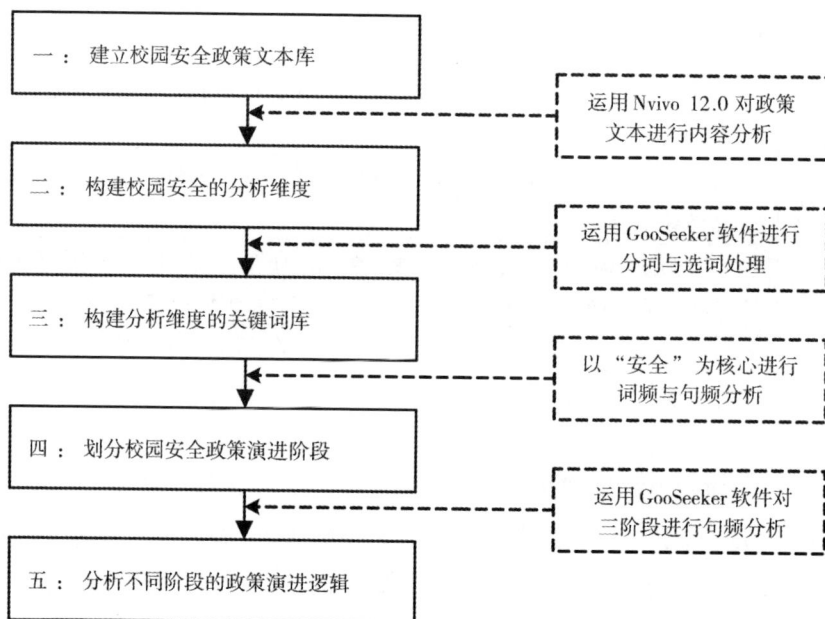

图 2－2　校园安全政策注意力分析的研究思路

第三节　校园安全政策注意力的配置分析

一　校园安全政策文本库

由于《工作要点》涉及我国教育事业的各个领域，对校园安全政策注意力进行分析需要构建校园安全的政策文本库。因此，本章基于安全话语相关性原则，逐句抽取与校园安全相关的话语表达，进而构建了校园安全政策文本库。同时，以句为单位逐年统计每年《工作要点》中校园安全政策话语频数，经计算得到校园安全政策话语的绝对注意力变化趋势，如图2-3所示。可以看出，校园安全政策话语在《工作要点》中年均占比主要在20%—30%之间，说明校园安全话语在每年工作要点中一直占据着重要位置，且35年以来我国政府对校园安全的政策注意力分配较稳定。

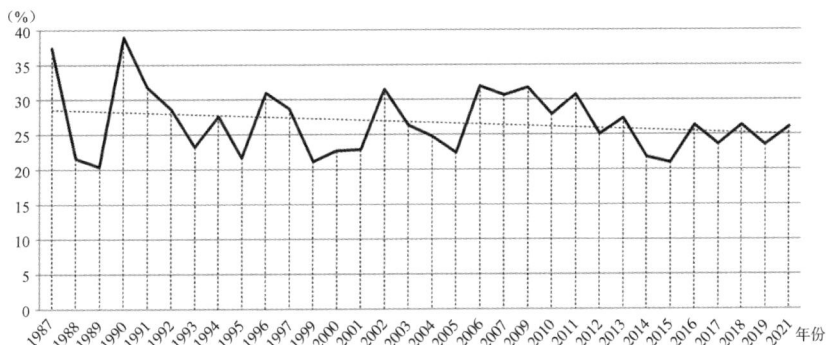

图 2-3　校园安全政策话语的绝对注意力变化趋势

注：1998 年、2008 年、2020 年这三年教育部官网未公布相关内容。

二　校园安全政策分析维度

本章对 32 份校园安全政策文本采取等距取样方法，选择 6 份政策文本进行采样编码，并随机选取一份进行体系饱和度检验。在研究过程中，由两名熟悉政策分析和扎根理论的研究者，确立编码规则后，独立进行编码。对存在歧义的地方多次讨论确定分析维度。运用 Nvivo 12.0 对政策文本进行解构、比较与归类，根据政策对象、政策工具与政策目标提取出对应的要素，构建了我国校园安全政策文本结构化编码和分类体系，包含 3 个一级要素和 12 个二级要素。通过对 1987 年、1993 年、1999 年、2005 年、2011 年、2017 年进行编码，提取校园安全的内容体系，并随机抽取 2009 年作为编码饱和度检验，从而确立了我国学校安全政策注意力配置的基本维度。校园安全政策文本的编码与分析维度构建如表 2-2（表中未全部展示抽取的 6 个年份，但并不影响饱和度检验）所示。

**表2-2   基于政策工具的校园安全政策文本的编码与
分析维度构建示例**

研究框架	一级要素	二级要素	编 码
政策工具	校园安全教育	思想政治教育	［1987］反对资产阶级自由化，把握教育工作正确的政治方向； ［1987］加强和改进思想政治工作，进一步稳定高等学校的局势
		品德素养教育	［1987］要加强中、小学生的思想品德教育； ［2005］科学确定德育目标和德育内容，建立和完善德育工作评价体系
		法制教育	［2005］加强对机关公务员的理论学习、法律知识和业务能力的培养培训工作
		身心健康教育	［2005］加强学生心理健康教育； ［2011］深入开展亿万学生阳光体育运动，大力实施《国家学生体质健康标准》
		安全知识教育	［2011］广泛开展安全教育和法制教育，提高预防灾害、传染病、食物中毒以及应急避险和防范违法犯罪活动能力； ［2017］完善互联网安全教育平台，开展第五届安全知识网络竞赛活动。
	校园安全管理	组织队伍管理	［2005］进一步加强和改进师德建设； ［2011］建设高素质专业化教师队伍； ［2011］深入落实中小学教师职业道德规范
		财政监管	［1999］加强对教育经费的监测； ［2005］推动各级政府共同努力，全面落实"保工资、保运转、保安全"的经费保障措施； ［2005］进一步巩固治理教育乱收费的工作成果
		基础设施管理	［1999］完成高校筒子楼改造，加快危旧房改造的进程； ［2011］加快薄弱学校改造，推进学校标准化建设
		安全环境治理	［2011］深入推进校园和周边环境综合治理，净化育人环境
	校园安全制度	法律法规建设	［2005］全力推进《义务教育法》修订草案尽快颁布； ［2011］制定国家教育立法工作及教育规章10年工作方案
		安全管理政策	［2005］完善学校安全管理机制，做好学校安全保卫工作； ［2011］印发《教育系统突发公共事件总体应急预案》，提高应急处置能力
		安全督导检查	［2005］落实国务院"每年检查一次"要求，继续组织对西部地区"两基"攻坚的督导检查； ［2011］继续加强对特殊类型招生的监督

三　校园安全政策注意力配置体系

我国校园安全政策注意力配置体系大致由政策对象、政策工具与政策目标三个基本维度构成，如图2-4所示。其中，政策对象是指校园安全政策执行所作用或影响的群体，不仅包括教师与学生群体，还涉及校园管理人员和其他对象。政策工具是指为了实现校园安全政策目标而采取的手段和方式，包含校园安全教育、校园安全管理和校园安全制度三种。具体来看，校园安全教育包括5个三级维度，分别涉及德、智、体、法以及思想五个层面；校园安全管理包括4个三级维度，分别涉及人、财、物以及环境四个层面；校园安全制度包括3个三级维度，分别为国家层的法律法规建设、校园层的安全管理政策以及自上而下的安全督导检查三个层面。政策目标是指校园安全政策执行预期达到的目标和效果，表现为不同的校园安全风险类型，具体分为10个一级维度，涉及从自然到社会、从校内到校外、从幼儿园到高校、从身体到心理等各类风险。

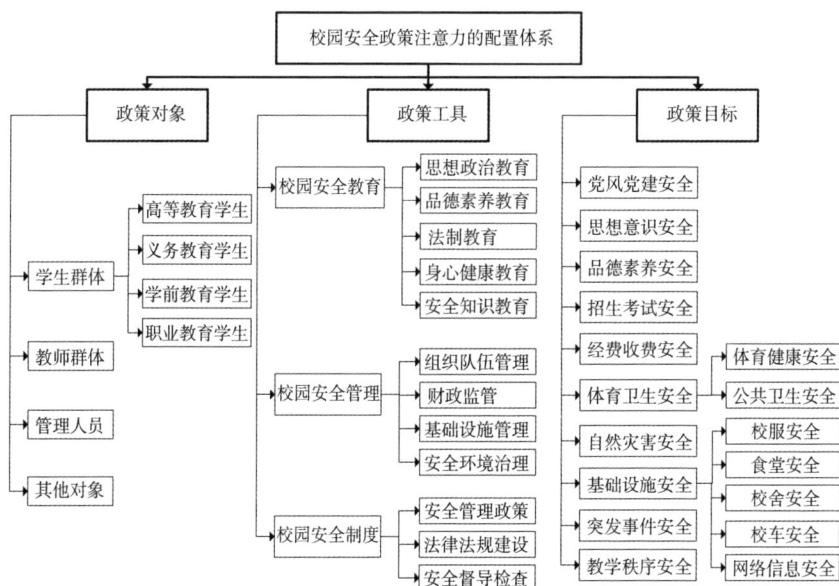

图2-4　校园安全政策注意力的配置体系

四　校园安全政策分析词库

根据构建的校园安全政策分析维度框架，进一步利用集搜客（GooSeeker）软件从政策文本的不同维度构建关键词库，以及根据关键词定位进行句频与词频统计，从而测量政策话语的绝对注意力或相对注意力，即通过校园安全的政策变迁来回应注意力的转移问题。其中，政策工具维度下的校园安全政策关键词库见表 2－3 所示。

表 2－3　　　政策工具维度下的校园安全政策关键词库（示例）

一级要素	二级要素	关键词
校园安全教育	思想政治教育	思想；政治；社会主义；精神；理论；邓小平理论；理论课；爱国主义；马克思主义；资产阶级；意识；国情；政治课；反腐倡廉；演变；廉洁；廉洁自律；官僚主义；资本主义；毛泽东思想
	品德素养教育	素质；职业道德；品德；道德；师德；校风；品德课；德智体
	法制教育	法律；遵纪守法；校纪
	身心健康教育	活动；培训；体育；健康；体质；锻炼；体育运动；德智体
	安全知识教育	竞赛；活动
校园安全管理	组织队伍管理	师德；高素质；专业化；教师队伍；职业道德；规范
	财政监管	经费；收费；投入；财政；资金；预算；拨款
	基础设施管理	卫生；后勤；危房；校舍；薄弱；公寓
	安全环境治理	整顿；舆论；综合治理；秩序；学风；周边；乱发；突发；保卫；防治；整治；治安；净化；整改；违规；防范；舆情；保护
校园安全制度	法律法规建设	依法；执法；立法；法制；法规；法律；负责制；责任制；保护法；校纪；法治；治教
	安全管理政策	管理；条例；意见；标准；政策；办法；机制；规定；评估；试点；方案；纲要；方针；文件；规划；草案；原则；规程；起草；大纲；细则；调研；规章
	安全督导检查	督导；监督；专项；纪检；考核；检查；监测；督促；巡视；督查；审议；督学；监管；监察部门；督办

第四节　校园安全政策注意力的演进脉络

以"安全"为核心关键词对政策样本进行词频统计,同时考虑到不同时期,关于"安全"话语体系的丰富性,将"稳定""平安""治安""风险"等近义词进行逐年加总构成关键词总数,作为衡量政策绝对注意力的综合指标。可以看出,32份《工作要点》对于"安全"与关键词总数的使用频率呈现明显的加强趋势,如图2-5所示。在此基础上,本节结合政策环境与政策实践,将我国校园安全政策发展大致划分为三个阶段。

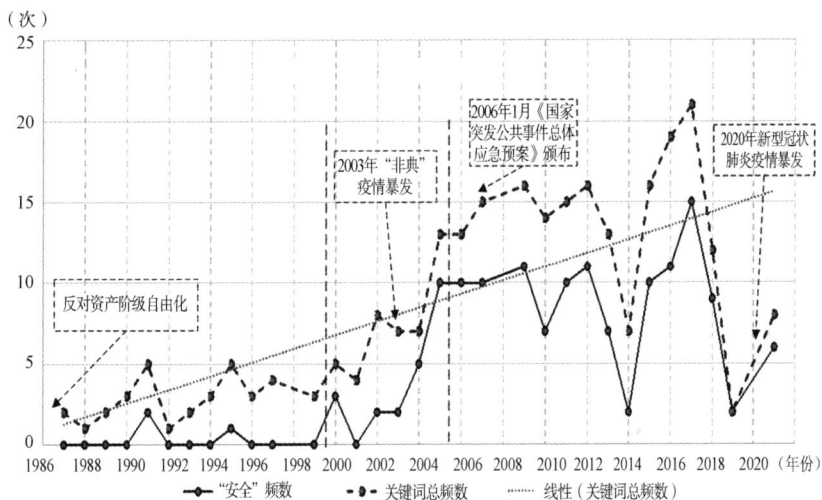

图2-5　校园安全政策的绝对注意力演进与重要时间节点

一　政治稳定主导下的政策起步期(1987—1999年)

1986年,第六届全国人大通过并颁布的《中华人民共和国义务教育法》可以作为我国校园安全政策发展的起点。这一阶段,《中华人民共和国未成年人保护法》(1991)、《中华人民共和国教师法》(1993)、《中华人民共和国教育法》(1995)、《中华人民共和国职业教育法》(1996)、《中华人民共和国高等教育法》(1998)和《中华人民共和国预防未成年人犯罪法》(1999)等根本性法律相继颁布并实施。这一系列教育领域重要的法律出台初步形成了我国校园安全政策法规的基本体系，并为以后专项校园安全政策的制定与实施提供了法律依据。

受政治、经济环境以及教育政策刚刚起步的影响，决策者的政策注意力还未真正从安全管理意义上关注校园安全问题，更多是以政治安全为目的去保障校园场域内的秩序稳定，而且分散立法模式下的师生合法权益保护缺乏针对性，对于事件责任定性、职责主体范围的规定模糊。20 世纪 80 年代末，教育系统维护校园秩序稳定的任务迫在眉睫。因此，1987 年 1 月，中共中央下发了《关于当前反对资产阶级自由化若干问题的通知》，以揭露资产阶级自由化的实质与危害。同年 5 月，印发了《中共中央关于改进和加强高等学校思想政治工作的决定》以保证高校环境内的思想政治安全。1990 年 9 月发布的《高等学校校园秩序管理若干规定》中，对高校举行集会、讲演等公共活动作了规定。在此后的一段时间里，以政治稳定为基本导向的校园秩序管理一直影响着决策者的政策注意力以及政策实践，我国校园安全政策也处于缓慢发展的状态。从《工作要点》也可以发现，2000 年之前仅 1991 年和 1995 年的报告中使用过"安全"一词，更多是选择使用"稳定""安定"等强调教育环境秩序的话语表达。

二 应急管理驱动下的政策转型期（2000—2005 年）

作为 21 世纪的开局之年，2000 年我国教育事业改革与发展进入了一个新的阶段。经济社会环境的冲击与风险管理意识的提升推动了校园安全专项法律法规的出台，尤其是 2003 年"非典"事件发生之后，我国真正开启了应急管理体系建设的新时代。此时，校园安全作为社会公共安全的重要组成部分，受到政界与学界的广泛关注，校园安全政策也迎来了新的发展机遇。校园安全主题明确地进入决策者的政策视野，如《关于对严防中小学生安全事故发生进行专项督导检查的紧急通知》（2000）、《教育部办公厅关于 2001 年开展中小学"校园安全"主题教育活动的通知》（2001）、《学生伤害事故处理办法》（2002）等。这一阶段与校园安全相关的关键词数量呈现明显递增趋势。2000—2005 年的年均关键词达到 7.1 个，明显高于第一阶段年均 2.8 个关键词。自此，在国家应急管理理论、政策与实践的多重推动下，校园安全应急管理机制逐渐建立，相关专项政策得以颁布，这很大程度上摆脱了以运动式和应急式为主要特征的传统校园安全管理模式，使得校园安全工作开始走向规范化与科学化。

三　依法治国统领下的政策发展期（2006 年至今）

随着依法治国成为治国理政的基本方略，我国法治化进程逐渐加快，教育政策法规体系全面发展起来。2006 年距离《义务教育法》最初颁布已有 20 年，新修订的法规首次把"中小学安全"写进了法律，成为我国教育法制建设的一个重要标志。相比之前版本，新的法律明确了我国义务教育的公益性、统一性和义务性，这有效解决了农村地区学杂费负担，统一了教学、经费、基础建设等标准，并以法律的强制性规定适龄儿童必须接受义务教育，使得义务教育阶段的校园安全发展由政策层面上升为法制层面。随后，国务院颁布了《国家突发公共事件总体应急预案》，我国逐步建立了以"一案三制"为核心架构的初步应急管理体系，进而指导与推动了校园环境内应急管理体系的形成与完善。2007 年 8 月，第十届全国人大通过了《中华人民共和国突发事件应对法》；2012 年，教育部发布了《全面推进依法治校实施纲要》；2016 年，继而发布了《依法治教实施纲要（2016—2020 年）》，运用法治思维和法治方式推进教育综合改革的思路在校园安全领域应运而生。

在法治思维推动下，我国校园安全教育政策逐步涉及校园安全的各个方面。2007 年，《中小学公共安全教育指导纲要》出台，其中规定，"公共安全教育的主要内容包括预防和应对社会安全、公共卫生、意外伤害、网络、信息安全、自然灾害以及影响学生安全的其他事故或事件六个模块"，为建立中小学安全教育长效机制提供了依据。随后的 2010—2016 年，国家围绕消防安全、网络安全、毒品预防、法制教育和国防安全等若干教育主题，先后颁布了《关于加强中小学消防安全宣传教育工作的通知》《关于加强中小学网络道德教育抵制网络不良信息的通知》《关于加强新形势下学校国防教育工作的意见》《关于进一步做好中小学毒品预防教育工作的通知》《关于进一步加强青少年学生法制教育的若干意见》《青少年法治教育大纲》等政策文件，进一步丰富与拓展了我国校园安全教育的内容体系。①

近几年来，一系列专项文件的颁布以政策法规的形式回应了校园欺

---

① 董新良、闫领楠：《学校安全政策：历史演进与展望》，《教育科学》2019 年第 5 期。

凌、校园贷等受到社会广泛关注的新型校园安全问题，进一步推动了我国校园安全政策体系的建立健全。如《关于开展校园欺凌专项治理的通知》（2016）、《教育部等十一部门关于印发〈加强中小学生欺凌综合治理方案〉的通知》（2017）和《中国银监会、教育部、人力资源社会保障部关于进一步加强校园贷规范管理工作的通知》（2017）等。党的十九大之后，在全面深化机构改革背景下，我国顺应组建并成立了应急管理部，从机构设置上明确了应急管理的重要地位。而且，总体国家安全观的形成强化了校园安全在国家安全中的重要地位。可见，在依法治国的时代背景下，我国校园安全政策快速走上了制度化、法治化轨道。

第五节　校园安全政策注意力的演进逻辑

运用集搜客（GooSeeker）软件对政策文本关键词进行筛选与提取，有利于量化校园安全政策注意力的不同结构维度。首先，将校园安全政策文本库的文本导入集搜客软件进行自动分词和词频统计，进而构建关键词高频词库；其次，回归到政策文本中，结合政策语境对所有关键词进行词义分析，去除掉无实质意义和有歧义的关键词；最后，根据注意力配置的基本维度，将归属于三个维度或与其含义接近的词语作为内容分析的关键词。在此基础上，按照时序分别统计不同维度上的校园安全政策节点频数，如表 2－4 所示。

表 2－4　　　　　　　校园安全政策工具的编码节点频数

（以 1997—1999 年为例）

年度	校园安全教育					校园安全管理				校园安全制度		
	思想政治教育	品德素养教育	法制教育	身心健康教育	安全知识教育	组织队伍管理	财政监管	基础设施管理	安全环境治理	法律法规建设	安全管理政策	安全督导检查
1987	19	5	1	1	0	8	0	2	0	5	4	0
1988	10	4	0	1	0	2	0	2	1	3	3	2
1989	6	5	0	3	0	2	1	4	4	9	4	3
1990	15	8	0	0	0	6	3	2	9	6	4	4
1991	20	8	0	4	0	5	2	5	6	9	8	3

续表

年度	校园安全教育					校园安全管理				校园安全制度		
	思想政治教育	品德素养教育	法制教育	身心健康教育	安全知识教育	组织队伍管理	财政监管	基础设施管理	安全环境治理	法律法规建设	安全管理政策	安全督导检查
1992	17	11	0	4	0	5	3	5	2	8	5	5
1993	3	0	0	1	0	3	1	3	3	4	1	0
1994	4	2	0	0	0	4	3	2	2	6	5	6
1995	3	2	0	2	0	2	2	2	1	4	2	4
1996	4	3	2	1	0	5	3	3	3	5	4	5
1997	5	6	1	2	0	8	1	4	4	6	4	2
1999	10	9	2	1	0	6	4	2	2	3	1	3

分析发现，校园安全政策注意力研究存在以下逻辑特征。

一　校园安全内涵不断丰富与发展

随着传统风险和新兴风险的叠加与复杂化，传统校园管理中的安全边界越来越模糊，政策语境下的校园安全被赋予更多新的内涵，这主要体现为四个特征。

一是物理边界的扩大，从早期的"校园安全"逐渐转变为"学校安全"。当前，校园安全不仅指校园内环境的安全状态，也涉及校园周边环境的治安稳定。自1998年《工作要点》第一次在"加大学校内部治安和周边环境综合治理的力度"中提到校园安全环境的扩大，之后近二十年时间的政策注意力对周边安全给予了持续关注。

二是空间环境的延伸，不仅涵盖学生在校期间所处的秩序环境稳定，也延伸到网络空间的整治。2000年之前将网络作为实现安全管理的工具，例如"改进和完善对计算机网络的管理，完善信息、动态报送渠道"（1997）、"建立经常性学生体质监测与信息网络"（1998），而2000年及之后网络信息也成为校园安全监管的对象。

三是强调身心安全并重，不仅注重以身体伤害为特征的外在安全，而且高度重视学生的心理健康和道德发展。1999年报告第一次提出"重视中小学心理健康教育"，此后心理健康成为学生身心发展的重要标准之一，这也意味着学校安全管理注意力的重心从宏观环境转向微观个体。

四是校园场域的"大安全观"逐步形成。"总体国家安全观"赋予了高校平安校园建设新内涵，[①] 这要求校园安全不仅要关注校园内部及其周边环境，而且要与时代需求、国家安全紧密相连，构成内外部联动的整体性安全。例如，受 2020 年新冠肺炎疫情影响，教育系统掀起了一场一体化推进新冠肺炎疫情防控和校园传染病防控的攻坚任务；2021 年，教育部门把铸牢中华民族共同体意识作为教育系统中民族工作的主线，强化了国家通用语言文字教育的话语表达。

二 政策对象从高风险关联性群体向多元化转变

政策语境下的校园安全对象的注意力转移主要表现为以下三个特征。

一是政策对象涵盖范围的不断扩大。图 2 - 6 第一个柱状代表第一阶段的相对注意力占比，第二个柱状代表第二阶段的相对注意力占比，第三个柱状为第三阶段的相对注意力占比。从图 2 - 6 可以看出，不同时期，政策注意力的关注对象存在明显差异。整体来看，师生安全一直是我国校园安全政策关注的主要对象。其中，政策对象的重心为基础教育学生、高等教育学生以及教师。

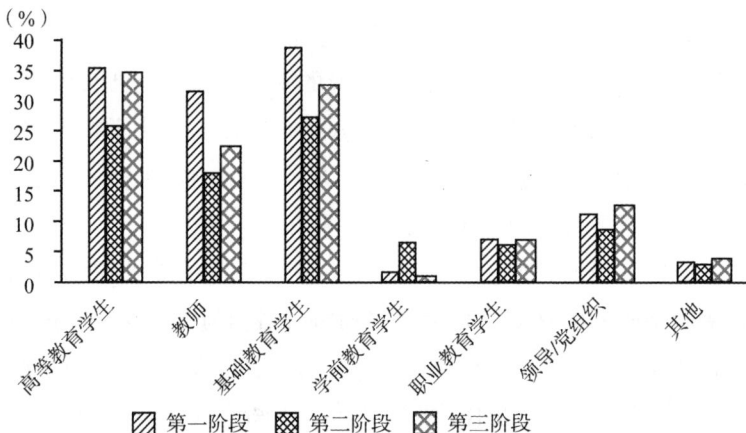

图 2 - 6 不同阶段的校园安全政策对象的注意力对比

---

① 安春元:《"总体国家安全观"下的高校平安校园建设探索》,《学校党建与思想教育》2016 年第 18 期。

二是政策对象与风险类型的高度关联性与依赖性。由于教育阶段与教育角色的差异，我国校园安全政策注意力对不同对象所关注的校园安全风险呈现显著差异。基础教育学生关注学费监管、作业减负、校舍安全、身心健康等基本安全问题，高等教育学生更加关注思想意识安全、招生考试安全等。另外，品德素养教育成为各教育阶段、教育角色都十分关注的安全类型。

三是从校园安全管理主体上看，从单一责任主体转向多元共治模式。我国早期颁布的根本性法律并未对校园安全事故的责任、处置标准做出具体规定，而是一直实行校长负责制，并导致了校园的无限责任。随着治理理念深入和治理制度创新，家庭、社会等力量逐步纳入校园风险管理体系之中，安全管理责任不断下沉与延伸。如"学校教育与家庭教育、社会教育紧密配合"（1999）、"启动学前教育、家庭教育立法项目"（2011）、"完善学校、家庭、社区相结合的青少年体育网络"（2014）等在政策中逐步体现。

另外，在2017年国务院办公厅颁发的《关于加强中小学幼儿园安全风险防控体系建设的意见》中，提出"探索建立学校安全风险防控专业服务机制，积极培育可以为校园提供安全风险防控服务的专业化社会组织"。这种多元化的事故风险分担机制不仅可以为校园作为安全主体责任的制度压力进行"松绑"，而且延伸并形成社会范围内更为广泛的校园安全保障网。

三　政策重心从安全教育到安全管理再转向安全制度

当前，安全教育、安全管理和安全制度构成了我国校园安全政策注意力的基本维度和治理路径。从图2-7可以看出，我国校园安全政策注意力在不同阶段大体经历了从安全教育到安全管理再到安全制度的政策重心的转移。

一是安全教育经历了由思想政治教育主导向全面教育转变。20世纪90年代前后，强调政治认同下的校园安全政策具有浓厚的意识形态色彩。为了维持校园秩序，强化内在认同的安全教育成为这一时期的重要政策工具。为推动中小学安全教育工作，1996年国家教委同其他六部门联合发出通知，决定建立全国中小学生"安全教育日"制度。后期，在应急管理和依法治教背景下，法制教育和安全知识教育明显得到加强。

二是校园安全管理经历了管理单一化向多样化的转变。随着应急管理体系的建立，校园安全管理逐渐融入校园的日常管理工作之中，甚至成为校园管理的重中之重。这不仅体现在校园安全管理理念的转变，还凸显在治理工具的高效化与专业化上，强调运用大数据、网络监测平台进行校园安全网络建设，如"建立健全大数据辅助科学决策和教育治理机制"（2018）。同时，保险、技术防控以及多元化的风险分担机制逐渐形成，如"新型安全保险制度"（2015）。在师德整治上，2017 年教育部建成并"全面启用教师管理信息系统"，严重违背师德的情况将被录入该系统。

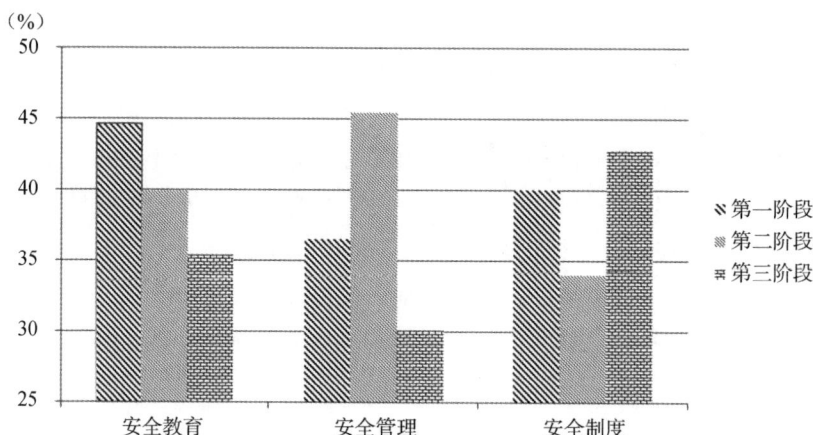

图 2 - 7　不同阶段的校园安全政策工具的注意力对比

三是校园安全制度大致经历了根本性法律到专项安全政策再到综合性安全政策的转变。亦如上文所言，20 世纪 90 年代初期，我国颁布了一系列重要法律法规，但却缺乏针对校园安全的专门性法律法规。90 年代后期，开始出现了加强学生"品德素养""财政监管"等专项政策，但这些政策相互分散、独立，且法律效力不强。21 世纪以来，我国校园安全政策得到了快速发展，不但专项政策关注的类型更为丰富，而且一系列强调综合性安全的法律法规颁布，使得校园安全从政策层面上升到法律高度。

四　校园安全风险从政治经济风险转向综合性风险

从图2-8不同阶段的校园安全风险类型的政策注意力对比中可以看出以下演进特征。

一是政治经济环境影响下的思想意识安全、基础设施安全以及教学秩序安全总体呈现递减的趋势。如上文分析，"政治稳定"是20世纪90年代初期我国校园安全政策注意力的核心主题。在稳定教育战线形势的需求下，教育层面的当务之急，即"反对资产阶级自由化，把握教育工作正确的政治方向"（1987）、"加强和改进思想政治工作，进一步稳定高等学校的局势"（1987）。同时，由于20世纪90年代初期我国教育事业发展仍十分缓慢，农村地区特别是西北偏远地区的校园基础办学条件十分落后，因此，以"实施九年义务教育"和"扫除青壮年文盲"为核心的"两基"攻坚计划自然成为这一阶段的另一主题。"辍学率""招生乱象""文凭造假"等破坏教学秩序的行为进入决策者的政策视野之中。

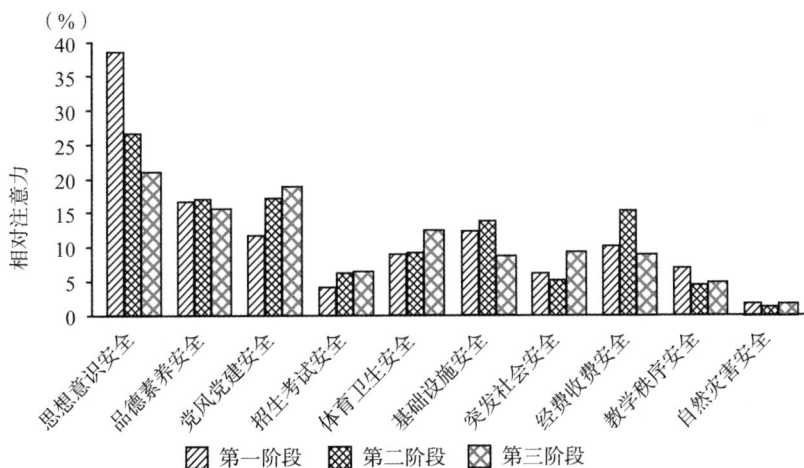

图2-8　不同阶段的校园安全风险类型的政策注意力对比

二是党风党建安全、招生考试安全以及体育卫生安全的政策注意力呈现增长趋势。随着国家教育战线形势的稳定，高校思想政治教育工作也取得了积极成效。由政治意识形态导致的突发性风险逐渐向现实中反复出现的校园安全实质性风险转变，校园安全管理也随之由应急管理走向常态化管理。

三是品德素养安全是校园安全政策关注的永恒问题，这与教育活动的本质与目标密不可分。

总的来看，校园安全风险类型的政策注意力大致经历了从关注国家层面的校园稳定到强调个体层面的师生安全的转变。而且，校园安全的概念在政策注意力中的形成是一个渐进发展的过程。在教育政策发展初期，校园安全并非强调个体的综合安全状态，而是政治意志统治下的校园秩序安定和经济基础保障，注重维持而不是安全发展。虽然这一阶段也颁布了不少针对学生个体的政策文件，但这些政策多以服务于国家政治稳定为根本目的。随着政治稳定与经济发展，强调个体全面发展与综合安全的观念逐渐进入决策者注意力范围，进而形成了当前强调个体身体、财产、心理健康等合法权益不受侵犯为核心的校园安全新内涵。

第六节　校园安全政策的问题与展望

一　校园安全政策存在的问题

1. 法律层面上政策供给的滞后与缺位

制度变迁的研究表明，一项新制度安排一般具有滞后性。[1] 同样对于校园安全制度体系而言，政策供给往往是滞后的。在我国，校园安全政策遵循政府部门主导的自上而下的供给路径。十多年来，学者一直呼吁加快教育立法进程，推动《学校安全法》的颁布与实施。但到目前为止，我国尚无一部专门的、系统的、完备的校园安全法律。[2] 而且，我国校园安全信息的收集、研究以及公开等工作还严重缺位，[3] 并且缺乏相关政策驱动。

---

① 陈潭：《公共政策变迁的理论命题及其阐释》，《中国软科学》2004 年第 12 期。

② 卢斌、贾鲁晶：《维护高校校园安全稳定呼唤更高位阶立法》，《理论月刊》2011 年第 9 期。

③ 覃红霞、林冰冰：《高校校园安全共同治理：美国的经验与启示》，《教育研究》2017 年第 7 期。

2. 价值选择中的政策关注对象和风险类型存在偏差

教育政策的实质是一种价值选择，并反过来影响教育政策实践。[①] 30余年来，纵观我国校园安全政策注意力的演进轨迹与特征，决策者在不同的时代背景下对校园安全的关注重心不同，但都是国家安全意志在校园场域内的不断深化与延伸。换言之，不同时期决策者对校园安全政策需求与供给的阶段性调整，其依据受到公共资源的稀缺性、政府注意力偏好与政策环境等因素的综合影响，体现了明显的政治价值取向。这也决定了政策对高校思想政治教育的高度注意力，但同时弱化了校园安全的管理属性，也缺乏对学前教育群体和自然灾害风险类型的关注。

3. 事件驱动下的政策回应存在被动性

公共政策是政治系统对社会环境与舆情压力所做出的反应，来自突发事件中自下而上的推动力使得政策反应时常存在明显的被动性。2012年之前，我国一直没有专门的校车管理政策。[②] 随着2011年发生的8起重大交通安全事故以及社会媒体的跟踪与舆论，很快推动了次年《校车安全管理条例》的出台，此后校车安全成为之后报告关注的内容之一。同时，决策者对现实社会问题的回应存在滞后性。如2018年发生的长春生物"疫苗"事件引起了社会的极大关注，"疫苗安全"方进入政策注意力范围之中，并推动了我国首部疫苗法案的颁布。这也反映出决策者对于社会问题转化为教育政策问题的能力不足以及政策注意力的有限。

4. 象征性决策带来的政策短期性和低效性

我国校园安全事件的响应机制具有象征性决策的特征，即政策执行不会在教育系统中发生实质性的利益冲突而具有较高的社会认同性。[③] 这直接导致了政策落实不到位与执行低效。中学生因负担过重引发的自杀事件时有发生，就此问题社会各界早已讨论多年。在《工作要点》中决策者也给予了足够的政策注意力，并强调了学生减负的重要性。但自1988年之后颁布的专项减负政策，与当前的减负政策没有本质差别，内

---

① 褚宏启主编：《教育政策学》，北京师范大学出版社2017年版。

② 程天君、李永康：《我国校园安全问题与政策建议——以校服、校餐、校舍、校车为例》，《教育研究》2014年第7期。

③ 赵德余：《政策共同体、政策响应与政策工具的选择性使用——中国校园公共安全事件的经验》，《公共行政评论》2012年第3期。

容表述基本不变。①

二 校园安全政策的展望

校园安全政策研究方兴未艾。在我国校园安全风险依然严峻与新时期治理理念的时代背景下，校园安全政策研究的现实意义和理论价值不言而喻。本章立足我国政策语境，主要阐述了我国校园安全政策注意力的发展脉络与演进逻辑，对把握当前我国校园安全政策实践提供了历史窗口。从政策结构看，政策驱动下的我国校园安全体系已经基本完善，初步形成了兼顾多元主体不同风险关联特征，以"安全教育—安全管理—安全制度"为核心的内容体系。从时序演进看，我国校园安全政策发展经历了政治稳定主导的政策起步期、应急管理驱动的政策转型期和依法治教统领的政策发展期三个阶段。结果表明，35 年来，我国校园安全的政策内涵不断丰富、校园安全类型由强调政治经济风险向综合风险转变、政策重心经历了"安全教育—安全管理—安全制度"的变迁过程、政策对象由关注高风险关联性群体向多元主体转变。而且，从我国校园安全政策的历史发展脉络来看，其演进所呈现出的阶段性特征也与我国公共安全应急管理的发展基本一致，体现出与时俱进的时代特征。

需要指出的是，《工作要点》所呈现的政策注意力仅仅反映了议程设置过程，是教育政策制定的开始。而政策变迁的分析需要结合具体的政策网络，但本章由于缺乏对我国校园安全政策实践的系统梳理，仅能从其制定依据即《工作要点》进行分析，这实质上仅是对政策议程设置阶段的政策话语注意力演进分析，无法反映政策执行的效果。诚然，校园安全政策研究任重道远，如何进一步厘清校园安全政策的实施主体、边界以及职责范围，如何提高校园安全政策效能与政策供给，如何依靠多主体联动防护形成学生安全的闭环体系以及融合到当前应急管理的新方法与体系之中，这些都是未来校园安全政策研究中的重要命题。

---

① 劳凯声主编：《教育政策与法律概论》，北京师范大学出版社 2015 年版。

第三章

校园安全事件的应急管理方案

第一节　校园应急管理发展概况

"一案三制"是具有中国特色的应急管理体系，应急预案始终处于我国"一案三制"应急管理体系的核心地位。校园安全事件应急预案的效力直接影响着校园应急能力的水平，健全完善的应急预案体系对于有效提升应急管理工作水平、防范化解重大安全风险具有至关重要的作用。本节将通过梳理有关校园安全事件应急管理的"一案三制"，包括校园应急预案、校园应急管理法制、校园应急管理体制和校园应急管理机制来分析当前校园安全应急管理的总体发展情况。

一　校园应急预案逐步规范

在自然灾害风险形势严峻复杂、疫情防控压力持续增大、校园各类安全风险层出不穷的现实情况下，全国上下对应急管理和应急预案工作日益重视。2021 年 12 月 30 日，教育部召开全国教育系统疫情防控工作视频调度会议，深入贯彻落实党的十九届六中全会精神和习近平总书记关于新冠肺炎疫情防控工作的重要讲话和指示批示精神，会议要求各地教育部门和高校校园疫情防控应急预案应包括完备的快速救治方案、隔离转运方案、环境消杀方案、教育教学应急方案和后勤服务保障方案，确保应急预案演练能随时启动。教育部每年部署学校防灾减灾救灾等工作，要求各地教育部门、各学校根据自身实际情况及时修订完善防灾减灾等应急预案，要求各地要提前制订灾害发生前的灾情预警、信息发送等工作方案，灾害发生时的调整教学计划和上学时间、师生转移疏散安置等工作方案，灾害发生后的受损校舍检查、受伤师生救治、师生复课等工作方案。根据《突发事件应急预案管理办法》（国办发〔2013〕101号）第二条规定，各级政府及其部门、基层组织、企事业单位、社会团体等均应结合实际制定相关应急预案；据不完全统计，截至 2019 年底，我国已编制应急预案 780 余万件。截至 2021 年，教育部制定了《教育系统事故灾难类突发公共事件应急预案》等 7 项应急预案。各地教育部门、学校根据实际情况制定应急预案，提高应急预案的实用性、针对性、可操作性。例如，长沙市教育局 2021 年 12 月 14 日发布《教育系统突发公共事件和安全事故应急救援及处置预案》，为有效预防、及时控制和妥善处理教育系统各类突发公共事件和安全事故，提高快速反应和应急处理能力，建立健全应急机制，确保学校师生员工的生命与财产安全，保证正常的教育教学生活秩序，维护学校和社会稳定。应急预案坚持"统一指挥、属地管理、预防为先、系统联动"的基本原则，并根据事件和事故类型，明确突发公共事件和安全事故应急救援和处置领导小组的工作职责。同时，细化应急处置过程，包括先期处置、信息报送、启动预案、现场组织、事态控制、信息发布、善后处理。

应急预案体系在覆盖面上已基本达到了"横向到边、纵向到底"，但从"质"上来看，各地各学校在应急管理的系统规划、预案可操作性和预案智能化等方面仍存在不足。主要表现在：一是预案培训和演练不深入，且部分应急演练缺乏实战性，演练内容单一，导致事故应急处置时常与预案不一致；二是应急预案偏重文本，数字化、模块化、智能化程度偏低；三是部分应急预案存在应对措施不具体、工作流程不清晰、执行主体不明确、内容与实际相脱节等问题。例如，2021 年 10 月 24 日，南京某大学一间实验室发生爆燃事故，造成两死九伤的悲惨后果；同年 3 月 31 日，一化学所发生水热釜爆炸事故，造成一人死亡。目前我国高校实验室依然存在实验室安全制度和应急预案不够完善、缺少专业的实验室安全管理人员、违反操作规程进行实验的现象。

学校在应对突发事件和应急管理方面仍存在许多短板，对应急预案建设和管理缺乏足够的重视，需要通过风险因素分析，优化应急预案体系、加强应急预案管理，从而提高高校应急处置能力和应急管理水平。有学者针对高校安全事件应急预案体系的不足，明确了高校安全事件应急预案体系的分级和分类，并重点说明了高校安全事件应急组织机构及职责、应急报告和响应程序。因此，要剖析当前校园应急预案体系管理存在的问题，强化应急预案培训，实施科学的应急预案演练，定期对应急预案进行修订，从而强化高校安全事件应急预案管理。

二　校园应急管理法制建设纵深发展

应急管理法制是"一案三制"的保障要素。由于非常态与常态是两种截然不同的状态，在正常社会状态下运行的法律法规无法完全覆盖紧急状态下的所有特殊情况，需要有应急法律法规来填补空白。应急管理法制指应急管理法律、法规和规章，即在突发事件引起的公共紧急情况下处理国家权力之间、国家权力与公民权利之间、公民权利之间各种社会关系的法律规范和原则的总和，其核心和主干是宪法中的紧急条款和统一的突发事件应对法或紧急状态法。

1. 应急管理法案与时俱进，但仍未形成法律系统

2021 年 12 月 17 日，全国人大常委会法工委发言人岳仲明在北京介绍说，现行《突发事件应对法》自 2007 年公布施行以来，为抗击地震、洪水、雨雪冰冻、新冠肺炎疫情等提供了重要法律制度保障，发挥了重要作用。近年来，突发事件应对管理工作遇到了一些新情况、问题，特别是新冠肺炎疫情对应急管理带来新的挑战，这些都需要通过修改法律予以解决。教育部和各级地方教育部门就校园安全法律体系持续发力，不断厘清校园安全的权责关系，保障在校师生的合法权益。教育部和各级地方政府针对学校制定的法律法规和地方性法律文本持续增加，不仅有效保障了在校师生的基本权利，维护了日常教学活动的开展，还有利于消除潜在的风险。由于未成年人校园安全事件占比较大，2021 年法律工作重点倾向于保护未成年人的健康安全。十三届全国人大常委会第二十二次会议经表决通过修订后的《未成年人保护法》。修订后的《未成年人保护法》分为总则、家庭保护、学校保护、社会保护、网络保护、政府保护、司法保护、法律责任和附则，共九章 132 条。该法于 2021 年 6 月 1 日起施行。此次修订在强化家庭监护责任、加强未成年人网络保护等方面亮点颇多。其中，针对未成年人的安全教育和保护、勤俭节约意识培养、网络保护等做出更加具体明确的规定，进一步压实了监护人、

学校、网络服务提供者的主体责任。

虽然在中小学应急治理法律层面，目前已颁布《学生伤害事故处理办法》《中小学幼儿园安全管理办法》等法律法规，但专门的校园风险治理法律法规体系尚未建立，应急管理法制缺乏系统性和整体性。此外，早在2013年就有学者关注到校园应急管理法制，针对校园应急管理法律体系、应急预案管理法律调控进行研究，实务界中也有人大代表提交议案呼吁出台《校园安全法》，但截至目前尚未建立规范和统一的校园安全法律系统。

2. 安全事件依法处置能力不断提升

良好的政策法律需要强有力地执行，校园应严格按照法律法规的要求，不断提升突发事件依法处置能力。例如，各个校园严格执行防疫政策，通过严防严控人员出入、定期定时在校园内进行消杀工作、采取测量体温和师生健康打卡等方式，将政策法规用到实处。此外，各个学校定期开展应急演练，注重提升依法预防突发事件、先期处置和快速反应能力。例如，2021年10月22日上午，河海大学学校资产处牵头，联合保卫处、校医院、后勤、学生处、宣传部、网信中心、基建处、南京市公安局、江宁派出所、江宁消防组织开展了河海大学安全生产联防联控全方位应急大演练活动。

3. 扎实开展应急管理普法宣传培训

教育部近日印发通知实施青少年急救教育行动计划，开展全国学校急救教育试点工作，首批拟组织150所高中和高校参与。重点任务包括普及校园急救知识、配备校园急救设施和开展应急救护培训。教育系统相关部门和各个学校持续做好年度普法专项活动，突出重点内容、重要时段，在"宪法宣传周""安全生产法宣传周""安全生产月""全国防灾减灾日"等重要时间节点，组织开展形式多样、喜闻乐见的法律法规宣传普及活动。并充分利用互联网传播平台和新媒体技术手段，组织开展多层次、立体化、全方位的法治宣传教育。在许多地方，派出所走进辖区校园，为学生们做了精彩的法制教育讲座，以借此加强对青少年的法制教育，提高他们的法律素养。例如，2021年12月6日下午，网安大队与乐峰所民警走进辖区乐峰中学，开展了法制宣传教育活动。民警重点围绕网络安全、校园欺凌、防盗防骗等内容，积极引导学生提高网络安全意识，做到学法懂法、知法守法。

三　校园应急管理体制不断健全

应急管理体制是一个由横向机构和纵向机构、政府机构与社会组织相结合的复杂系统，包括应急管理的领导指挥机构、专项应急指挥机构以及日常办事机构等不同层次。2021 年 12 月 17 日，国务院拟提请本次常委会审议的突发事件应对管理法草案对现行法的名称、体例结构及条文顺序进行了调整，新增"管理体制"一章，要理顺突发事件应对管理工作领导和管理体制。

校园应急管理体制主要由各级各类学校所成立的应急处置工作领导小组构成。各级各类学校在面对突发公共卫生事件、自然灾害类等突发公共事件时，学校成立由主要领导负责的突发公共卫生事件应急处置领导小组，具体负责落实学校突发事件应急处置工作。其主要职责包括：在应急管理相关部门指导下，根据当地政府和上级教育行政部门的突发事件应急预案，制订本校的突发事件应急预案；建立健全应对突发事件的工作责任制度，建立一把手负总责与分管校长具体抓的责任制，并将责任分解到部门、落实到人；明确并落实突发事件的信息报告人；具体实施对突发事件的应对与处置工作，配合应急管理相关部门对事件原因进行调查；及时向上级教育行政部门及卫生等有关部门报告学校突发事件的进展与处置情况。各个学校的领导小组还要积极开展防灾、减灾宣传教育和应急演练及培训活动，做好灾害隐患排查整改工作，加强灾害信息报告和预警措施，组织开展校内先期应急处置行动，协助相关部门开展应急处置和恢复重建工作。除此之外，学校还根据突发公共事件处置的需要，成立各类处置工作组，开展相关应急处置工作，主要包括现场指挥组、宣传报道组、医疗卫生组、物资保障组、应急避难场所保障组等。

虽然校园应急管理体制不断完善，但仍存在部分学校在事中或者事后才组建临时性的应急处置小组，且未积极动员学校的各个部门和其他社会力量，尚未形成高效的治理聚合力。已有研究发现，在大多数中小学校，应急管理仍然被视为学校自身的内部事务，除了教育主管部门的参与，周边社区、家长和媒体等资源在其校园应急管理体系中并没有发挥出其本应该有的优势和力量。

四 校园应急管理机制日益成熟

应急管理机制可以界定为：突发事件预防与应急准备、监测与预警、应急处置与救援以及善后恢复与重建等全过程中各种制度化、程序化的应急管理方法与措施。按照突发事件全过程管理的理论，校园应急管理机制也应当涵盖突发事件的预防、准备、监测、预警、预控、处置、救援和恢复重建等全部阶段。

目前大多数学校的应急管理机制都不是覆盖突发事件发生、发展、演变各阶段的全过程管理，这些学校的应急管理仍被限定在突发事件爆发后短时间内的控制和处理。应急管理理念和视野的滞后，导致应急教育与宣传、应急演练、应急资源准备、心理危机干预、网络舆情管理和危机信息预警等机制在大多数学校都十分薄弱，甚至付之阙如。针对学校突发事件的自身特点，对其应对工作最具关键意义的五种机制是主体多元的协作应对、网络舆情与突发事件信息传递、应急预案编制与管理、心理支持与心理和突发事件问责。

第二节 校园安全事件风险管理概况

风险是发生对目标的实现产生不利影响的事件的可能性。在校园安全的语境中，校园安全事件对于保障校园安全这一目标显然会产生不利影响，此时可以将风险视作校园安全事件的发生概率。校园安全事件与风险之间存在紧密的逻辑联系。从时间顺序来看，风险的酝酿早于校园安全事件的发生，校园安全事件往往源于前期风险的不断积累。从相互作用来看，风险积累越深，校园安全事件本身的后果越大，与此同时，校园安全事件的属性受制于风险的属性。

风险管理的实质是对风险的识别、控制和规避，目的是发现并降低可能诱发校园安全事件的风险，从而降低校园安全事件的发生概率，减轻校园安全事件的不利影响。因此，风险管理是校园安全事件应急管理的必要前提，制订校园安全事件的应急管理方案，必须从风险管理这一起点出发。

一　校园安全事件风险管理的实践

基于对风险与校园安全事件的先后顺序的认识，我们必须重视校园安全事件的预防与应急准备工作。只有防患于未然，在风险尚未酿成校园安全事件之前就做好预防与应急准备，方能在校园安全事件发生之时有法可依、有计可施。同时，风险管理的实质要求我们及时排查风险隐患，致力于发现并消灭风险源头，降低发生校园安全事件的概率，减轻校园安全事件的危害。简言之，校园安全事件风险管理的核心，一是校园安全事件的预防与应急准备；二是校园安全事件的风险降低，各级政府和学校需围绕这两个核心进行校园安全事件风险管理工作。

1. 应急预案兼顾校园安全事件的整体性和特殊性

目前，各级政府和学校关于校园安全事件的预防与应急准备工作的主要法律依据，是在第十届全国人民代表大会常务委员会第二十九次会议通过的《中华人民共和国突发事件应对法》（以下简称《突发事件应对法》）。该法第二章"预防与应急准备"，首先强调了建立健全突发事件应急预案体系。

在《突发事件应对法》的指导下，全国各地各级政府纷纷制定并发布针对校园安全事件的应急预案，其中既包含具有总括性质的整体应急预案，也包含具有鲜明地方特点和强烈针对性的应急预案，但都体现了对于校园安全事件"重在预防"的意识。2021 年 4 月 30 日，安徽省淮南市寿县寿春镇政府发布了《学校突发公共卫生事件应急预案》，主要针对的是校园安全事件中的公共卫生事件。2021 年 9 月 17 日，山西省忻州市人民政府办公室印发了《忻州市校园安全事故应急预案》，以《突发事件应对法》为首要编制依据，对校园突发安全事故的应急指挥体系、风险防控、监测预警等方面做了详细具体的规定和说明。2021 年 10 月 26 日，湖南省长沙市岳麓区梅溪湖街道公共服务办从街道实际出发，制订了《梅溪湖街道校园安全应急预案》，针对校园安全事件的不同类型，如火灾事故、食物中毒、交通事故、恶性伤亡、传染性疾病、自然灾害、人为破坏等，制订了对应的应急预案。学校作为应对校园安全事件的第一主体，在实践中同样重视校园安全事件的预防与应急准备工作，结合本校实际制订了校园安全事件应急预案。2021 年 4 月 15 日，兰州大学生命科学学院发布了《兰州大学生命科学学院突发事件应急预案》，将校园安全事件分类为自然灾害、事故灾害、公共卫生事件、社会安全事件和网络与信息安全事件，确定了应对校园安全事件的工作原则。2021 年 6 月 29 日，同济大学医学院发布《同济大学医学院学生突发事件应急预案》，设计了常用应急预案流程图，包括学生突发疾病或意外伤害事故、学生突发失踪事件、学生突发严重心理危机事件和不良学生活动突发事件。

2. 普遍重视风险管理教育培训

校园安全事件的相关人员的专业教育培训背景，不仅关系风险管理的顺利开展，更会影响风险管理的实质成效，因此各地呼吁重视风险管理教育培训的呼声越发高涨。2020 年 11 月 3 日，教育部发布《关于政协十三届全国委员会第三次会议第 1245 号（教育类 111 号）提案答复的函》，强调要将应急管理知识纳入课程教材，加强突发事件应对宣传教育和应急演练，以达到引导师生树立积极预防的应急理念。2021 年 5 月 26 日，《中国教育报》刊登《加强校园应急救护培训势在必行》一文，呼吁让救护培训走进校园。2022 年 4 月 12 日，桂林理工大学为积极预防和妥善处置校园安全事件，提高保卫干部、学工队伍应对各类校园安全事件的应急处置能力，开展了校园安全事件应急处置能力专题培训。

3. 应急资源整合意识增强

校园安全事件的预防与应急准备工作的最后一环，是实现应急资源整合。各级政府和学校有意识地集中多方资源，引进专业人员和先进技术，以保证在应对校园安全事件时没有后顾之忧。2020 年 7 月 4 日，《中国教育报》刊文《河南：消防知识纳入中小学幼儿园教学》，报道了河南省推动与学校周边重点救援力量建立应急联动机制，加强学校应急保障队伍建设及应急物资储备。2021 年 11 月 8 日，重庆市教育委员会发布的《重庆市教育系统突发公共事件应急预案》中就明确了科学应急、依法处置的原则，充分发挥教育系统应急专家库的辅助决策作用，积极采用先进的应急装备和技术。

4. 风险降低制度化常态化

风险降低的实践过程可以概括为风险发现、风险评估和风险处理。制度化、常态化的风险降低，是发现风险、排查隐患，从源头扼制校园安全事件生成的重要手段。2021 年 9 月 17 日，山西省忻州市人民政府办公室印发的《忻州市校园安全事故应急预案》中，强调要建立健全日常安全管理制度，定期检查各项安全防护措施的落实情况。该预案同时强调，要建立校园安全事故风险评估机制，每年对校园安全事故形式和事故趋势进行分析，加强风险隐患日常管理，依法对各类危险源、危险区域进行调查、登记、风险评估，定期检查、实时监控，有针对性地采取安全防范措施。

二　校园安全事件风险管理优化措施

基于上述法律政策文件与校园安全事件风险管理实践，我们可以总结出关于校园安全事件风险管理的几点措施。

1. 细化校园安全事件应急预案

要根据校园安全事件的不同类型和具体情况，制订因地制宜、因事制宜的校园安全事件应急预案，针对校园安全事件的性质、特点和可能造成的危害，具体规定突发事件应急管理工作的组织指挥体系与职责和突发事件的预防与预警机制。这就要求各地区在校园安全事件的预防与应急准备工作中，核心的任务是确立一套具体的校园安全事件应急预案。

2. 多路径强化校园安全事件风险管理意识

这包括对有关部门负有处置突发事件职责的人员进行培训，以及对学生开展应急知识普及教育和应急演练活动。可以编制校园安全事件应急手册，将校园安全事件相关知识编入教材，确保人人树立校园安全事件风险管理意识。

3. 加快整合高质量应急管理资源

预防和应急准备工作是否充分，取决于所准备的人力资源、财务资源、技术设备资源等是否能形成一股合力。要建设好应对突发事件所必需的设备和基础设施，建立或者确定综合性应急救援队伍，加强专业应急救援队伍与非专业应急救援队伍的合作鼓励，扶持具备相应条件的教学科研机构培养应急管理专门人才，鼓励、扶持教学科研机构和有关企业研究开发用于校园安全事件预防、监测、预警、应急处置与救援的新技术、新设备和新工具。

4. 落实风险管理制度

定期检查校园突发预防与应急准备工作的落实情况，及时消除风险隐患。对容易引发校园安全事件的风险源、风险区域进行调查、登记、风险评估，定期进行检查、监控。掌握并及时处理本单位存在的可能引发校园安全事件的问题，及时调解处理可能引发校园安全事件的矛盾纠纷，防止矛盾激化和事态扩大。对校园内可能发生的突发事件的情况，应当按照规定及时向所在地人民政府或者人民政府有关部门报告。

第三节　校园安全事件应急响应失灵影响因素分析[①]

校园安全事件是指由学校内外因素引起的影响学校正常运行秩序，严重威胁学校组织功能和师生权益，需要紧急处置的突发事件。随着新时代人民群众对公共安全需求的日益增长，对校园安全问题的容忍度也越来越低，校园安全事件常常因为应急响应不当而转化为社会安全事件。如 2016 年北京某小学因"毒跑道"事件，导致数百名家长聚集在学校门口讨要说法；2019 年成都某中学食品安全舆情，不仅引发线下家校冲突和堵路破坏交通秩序，而且引发线上群体性聚集；2020 年"浙大犯强奸案学生被从轻处罚""成都大学党委书记自杀事件"等都掀起席卷全国的舆论狂潮。由于校园安全事件的主体是儿童、青少年和"为人师表"的教师，使其具有"高愤怒＋高敏感"的属性。在移动互联网高度发达、人人都是自媒体的时代，这类安全事件极易引发网络舆情，严重影响社会稳定。因此，本节拟运用模糊集定性比较分析（fuzzy-set Qualitative Comparative Analysis，fsQ-CA）的方法，通过分析 20 起校园安全事件的演化路径，发现影响校园安全事件良性演化的因素，以完善校园应急管理体制机制。

一　研究方法与案例选取

1. 定性比较分析方法

定性比较分析（Qualitative Comparative Analysis，QCA）方法由美国社会学家查尔斯·拉金（Charles Ragin）于 1987 年提出，能有效处理主要由定序、定类和二分等形式构成的中小规模样本案例（10—60 个）的数据，[②] 是一种

---

① 张桂蓉：《校园安全事件良性演化的影响因素研究——基于 20 个案例的模糊集定性比较分析》，《安全》2022 年第 2 期。

② 李蔚、何海兵：《定性比较分析方法的研究逻辑及其应用》，《上海行政学院学报》2015 年第 5 期。

探索多重并发因果关系，找出结果发生或不发生的条件或条件组合的质性分析方法。这种方法与定量研究相比，前者假定各条件变量之间相互依赖，因果关系呈非线性，而后者则假定自变量之间相互独立，因果关系呈线性；与案例研究相比，前者以条件组合为分析单元，探究结果发生或不发生的不同路径，后者以案例为分析单元，探究结果发生的固定模式。因此，定性比较分析方法综合了定量研究和案例研究的优势，适合用于分析多诱因导致的校园安全事件演化问题。目前常用的 QCA 方法包括清晰集（crisp set）、模糊集（fuzzy set）和多值集（multi value）三种类型。虽然是否引发次生社会安全事件这一结果是清晰明确的（是或否），但校园安全事件引发次生社会安全事件的原因错综复杂，部分变量无法用简单二分的形式进行测量，适合采用模糊集定性比较分析方法（即 fsQCA）。

2. 案例选取

本研究通过网络田野研究方法[①]收集案例资料，依靠中南大学社会稳定风险研究评估中心建立的校园安全事件案例库，对得到有效应急响应和没有得到有效应急响应的校园安全事件进行筛选。第一，案例资料信息来源可靠。案例资料主要来源于人民网、新华网、光明网等权威媒体的相关新闻报道，以及各级政府官网、官微或官博上的相关情况说明与信息通报。第二，案例典型，社会影响大。第三，案例信息详细，至少能够从 3 个渠道获得相互印证的信息，基本还原事实真相。第四，案例材料包含 5 个条件变量和一个结果变量的明确信息。第五，依据 QCA 分析中不同结果的案例数量应基本相等，案例具备逐项复制或差别复制的特征，最终确定 20 个案例作为本研究的案例库，见表 3 - 1。

表 3 - 1　　　　　　　　　　　本研究案例库

序号	案例名称	年份	事件分类	是否引发次生社会安全事件
1	成都某中学食品安全事件	2019	公共卫生事件	是

---

① 张海波：《作为应急管理学独特方法论的突发事件快速响应研究》，《公共管理与政策评论》2021 年第 3 期。

续表

序号	案例名称	年份	事件分类	是否引发次生社会安全事件
2	北京某小学"毒跑道"事件	2016	环境污染事件	是
3	山东某实验学校食品安全事件	2016	公共卫生事件	是
4	陕西某幼儿园食品安全事件	2017	公共卫生事件	是
5	安徽某幼教集团食品安全事件	2017	公共卫生事件	是
6	深圳某附小"毒跑道"事件	2015	环境污染事件	是
7	北京朝阳区某幼儿园"毒跑道"事件	2016	环境污染事件	是
8	广东东莞某幼儿园"毒跑道"事件	2016	环境污染事件	是
9	浙江某小学"毒跑道"事件	2018	环境污染事件	是
10	江苏某学校"毒地"事件	2016	环境污染事件	是
11	上海某学校食品安全事件	2018	公共卫生事件	否
12	湖北某小学踩踏事故	2013	意外伤害事件	否
13	陕西某地学生食物中毒事件	2011	食品安全事件	否
14	河南某小学踩踏事故	2017	意外伤害事件	否
15	贵州某地学生食物中毒事件	2012	食品安全事件	否
16	甘肃某地校车事故	2011	设施安全事件	否
17	北京某附小恶性伤人事件	2019	意外伤害事件	否
18	山西太原某幼儿园"虐童"事件	2019	意外伤害事件	否
19	河南某地校车事故	2016	设施安全事件	否
20	湖北某学校"毒跑道"事件	2016	环境污染事件	否

二 变量的选择与测量

1. 结果变量的选择与测量

校园安全事件应急响应失灵的直接结果就是产生次生社会安全事件，由校园安全事件引发的次生社会安全事件大多数表现为破坏学校运行秩序的"校闹"和网络群体性聚集。因此,本研究的次生社会安全事件指在学校安全事故处置过程中,发生的家属及其他校外人员围堵学校、在校园内非法聚集或聚众闹事、在网上发表不实言论等扰乱学校教育、教学和管理秩序,侵犯学校和师生合法权益,造成严重负面影响的行为。本研究的结果变量为校园安全事件是否引发次生社会安全事件,若是,则赋值为1;若否,则赋值为0。

2. 条件变量的选择与测量

本研究的条件变量只涉及二分变量和四分变量两种类型,参照大多研究者的赋值方法,将二分变量赋值为0和1,将四分变量赋值为0、0.33、0.67和1。[①]

A. 家长行为驱动。家长行为驱动特指影响家长采取行动的负面情绪。

A1. 家长的负面情绪。社会负面情绪累积将引发社会冲突。[②] 家长的负面情绪指家长对涉及孩子身心健康的校园安全事件的消极心理反应或状态。一般来讲,面对学校这一组织,家长在校园安全事件中处于相对弱势地位,在其利益受损后的负面情绪得不到缓解的情况下,不断累积叠加会导致否定性行为的出现。[③] 这种受负面情绪影响的行为能够传染,在特定的社会群体中聚集起一定的能量,[④] 导致冲突升级。一般来讲,家长对于校园安全事件都会产生负面情绪,只是较强的负面情绪更难化解。因此,若案例中家长负面情绪强,则赋值为1;若负面情绪弱,则赋值为0。家长负面情绪的强弱以家长在校园安全事件中感受到的学校责任的大小,受到不公正对待的强度判断。

B. 学校应急处置。指学校在应对校园安全事件过程中所采取措施的总和,包括学校应对主体、学校应对态度、学校应对主动性、学校应对及时性四个子变量。

---

① 高质源、张桂蓉、孙喜斌等:《公共危机次生型网络舆情危机产生的内在逻辑——基于40个案例的模糊集定性比较分析》,《公共行政评论》2019年第4期。

② 华智亚:《风险沟通与风险型环境群体性事件的应对》,《人文杂志》2014年第5期。

③ 朱力:《中国社会风险解析——群体性事件的社会冲突性质》,《学海》2009年第1期。

④ 于建嵘:《当前我国群体性事件的主要类型及其基本特征》,《中国政法大学学报》2009年第6期。

B1. 学校应对主体。指学校在应对校园安全事件的过程中负责应急指挥和工作安排的主体，回应"谁来应对"的问题。学校管理者作为学校的责任主体，其基本任务是保障校园的安全状态与稳定秩序,[①] 当发生校园安全事件，学校管理者能调动更多学校资源，对事件做出快速反应和有效处理。目前，我国中小学实行党委领导下的校长负责制，学校工作由校长统一领导和负责，因此，若案例中出现由校长以外的人员为主要应对者，则赋值为 1；若校长为主要应对者，则赋值为 0。

B2. 学校应对态度。指学校在应急响应中面对家长和群众的态度。保证信息的透明化、客观化是风险应对的重要原则之一。信息的错误传达可能会引发二次危机。[②] 若学校采取避而不谈或隐瞒的态度，会导致信息被错误传达，加剧家长的心理波动和不信任感，导致情况恶化。因此，若案例中学校应对方式为敷衍/隐瞒/避而不谈，则赋值为 1；若为开诚布公，则赋值为 0。

B3. 学校应对主动性。指学校是否在不受外力推动的情况下采取应对行动和措施。在利益冲突处于萌芽状态时，回应主体能否积极主动地就冲突双方的矛盾焦点进行调解并提出解决方案，直接关系到事态是变"干戈"还是化"玉帛"[③]。因此，若案例中出现学校被动应对，则赋值为 1；若主动应对，则赋值为 0。

B4. 学校应对及时性。指学校是否在第一时间采取行动和措施来应对校园安全事件。学校应对的及时性包括学校应急人员现场反应的及时性和与家长沟通的及时性。校园安全事件的发生具有突然性和后果严重性，要求学校作为第一反应主体，必须迅速及时地采取应对措施，其应对的及时性，是防止危机蔓延和事态扩大的关键。[④] 因此，若案例中学校应对不及时，则赋值为 1；若及时，则赋值为 0。

---

① 贺静霞：《基于利益相关者理论的校园安全治理体系建构》，《教育科学研究》2019 年第 2 期。

② 毛晶、王文棣：《学校危机管理体系研究》，《教育理论与实践》2015 年第 16 期。

③ 籍庆利：《中国责任政府的回应机制：问题与出路——以群体性事件的发生与治理为视角》，《当代世界与社会主义》2013 年第 5 期。

④ 唐钧、黄莹莹：《校园安全的新形势与新对策》，《中国减灾》2012 年第 17 期。

C. 政府应急处置。指政府部门在应对校园安全事件过程中所采取措施的总和，包括政府应对主体、政府应对态度、政府应对及时性和政府信息发布时间四个子变量。虽然政府和学校都是校园安全事件的主要应对主体，但其扮演的具体角色并不完全一致。学校作为校园安全的第一责任主体，是校园安全事件的直接应对者，政府是学校的后盾和借助力量，主要承担监管和协助之责。因此，测量学校应急处置和政府应急处置的子变量既有相同之处，又有不同之处。

C1. 政府应对主体。指政府在应对校园安全事件的过程中负责应急指挥，同时是工作安排的主体。一般而言，政府应对主体层级越高，其拥有的行政资源数量越多、质量越高，应急能力也越强，并能间接影响行为干预效果。[1] 因此，若案例中政府应对级别为市级以下，则赋值为1；若为市级，则赋值为0.67；若为省级，则赋值为0.33；若为国家级，则赋值为0。

C2. 政府应对态度。政府应对态度一般表现为政府公开校园安全事件相关信息的程度。政府对事件信息公开的透明度与事件解决效果呈正相关关系。政府越积极、全面地公布事件发展的真实情况，公众对政府的信任度越高，事件解决的效果越好。[2] 因此，若案例中政府应对态度为敷衍/隐瞒/避而不谈，则赋值为1；若为开诚布公，则赋值为0。

C3. 政府应对的及时性。指学校将校园安全事件的相关情况上报之后，政府是否在第一时间采取行动和措施。及时性是突发性事件处理的第一现场原则。发生突发性事件，政府及时反应并进行处理，能将事件消解在萌芽和发展状态，避免更大冲突危机的出现。[3] 因此，若案例中超过2/3的评论认为政府应对不及时，则赋值为1；若超过2/3的评论认为政府应对及时，则赋值为0。

---

[1]　刘锐：《地方重大舆情危机特征及干预效果影响因素——基于2003年以来110起地方政府重大舆情危机的实证分析》，《情报杂志》2015年第6期。

[2]　杨立华、程诚、刘宏福：《政府回应与网络群体性事件的解决——多案例的比较分析》，《北京师范大学学报》（社会科学版）2017年第2期。

[3]　刘国乾：《群体性事件中群众合理诉求的处置策略》，《学术探索》2015年第9期。

C4. 政府信息发布时间。指政府第一次官方发布校园安全事件信息的时间。根据教育部办公厅印发的《〈教育系统事故灾难类突发公共事件应急预案〉等三个专项预案的通知》（教办〔2009〕11 号）可知，学校信息发布的权力是有限的，当事故严重性达到一定等级，政府相关部门则成为信息发布的唯一官方主体，因此，信息发布时间是衡量政府应急处置的重要指标。信息发布时间是引导舆情走向、影响事件处理难度的重要因素。在第一时间进行有效的信息传播和疏导，能够抓住信息发布和传播的主动权，消灭谣言滋生的条件，积极引导社会舆论，为危机事件的解决创造良好的外部环境。[①] 根据国务院办公厅 2016 年印发的《关于在政务公开工作中进一步做好政务舆情回应的通知》，对涉及特别重大、重大突发事件的政务舆情，要快速反应、及时发声，最迟应在 24 小时内举行新闻发布会。因此，若案例中政府信息发布时间超过 24 小时，则赋值为 1；若在 24 小时以内（包括 24 小时），则赋值为 0。

D. 传播属性。本研究特指媒体在传播过程中是否产生谣言。

D1. 谣言。谣言是指在事件传播过程中，未经官方公开证实或已经被官方辟谣的消息或传闻。[②] 谣言是群体性事件发生发展的催化剂。[③] 换言之，谣言的出现，不仅会误导不明真相的直接利益受损者，甚至还会引发非利益相关者的愤慨或恐慌，产生社会群体的"共情"，起到聚众行动的作用，最终形成具有社会行动能力的心理群体。[④] 因此，若案例中存在谣言导致事件恶化，则赋值为 1；若无谣言存在或谣言未起作用，则赋值为 0。

E. 事件属性。事件属性指校园安全事件学校承担主体责任大小和事件危害程度。

E1. 学校承担责任。一般来讲，在校园安全事故中，学校负有教育、

---

① 张宇、王建成：《突发事件中政府信息发布机制存在的问题及对策研究——基于 2015 年"上海外滩踩踏事件"的案例研究》，《情报杂志》2015 年第 5 期。

② ［法］让－诺埃尔·卡普费雷：《谣言》，郑若麟译，上海人民出版社 2008 年版。

③ 孙德超、曹志立：《群体性事件的新趋势、成因及预防策略》，《东北师大学报》（哲学社会科学版）2015 年第 5 期。

④ 潘庸鲁：《谣言在群体性事件中的生成和消解研究》，《学术探索》2013 年第 2 期。

管理责任和救助义务。① 发生校园安全事故后，需根据学校承担责任和履行义务的情况来对其进行责任认定。学校承担责任越大，"家长向学校讨说法"的可能性也越大。从司法案例大数据来看，学校在校园安全事故中承担的责任并非无限的。为突出差异性，将学校承担责任大小分为四类：学校承担责任 = 100%，50% ≤ 学校承担责任 < 100%，0 < 学校承担责任 < 50%，学校承担责任 = 0。若案例中学校承担责任为第一类，则赋值为 1；若为第二类，则赋值为 0.67；若为第三类，则赋值为 0.33；若为第四类，则赋值为 0。本研究邀请法律专家、公共管理专家共 3 人对每一个案例中的学校责任进行认定。从学校是否尽到教育职责（education）、是否尽到管理职责（administration）以及救助学生的及时性（rescue）三个维度对个案中学校承担的责任大小（responsibility）进行综合判定，并反复讨论，确定最终个案得分。得分计算公式为：

$$R = 0.2E + 0.5A + 0.3R_e \tag{3.1}$$

式中：

R——学校承担的责任大小（responsibility）；

E——学校是否尽到教育职责（education）；

A——学校是否尽到管理职责（administration）；

R_e——学校救助学生的及时性（rescue）。

E2. 事件危害程度。指校园安全事件造成后果的严重程度。事件危害程度是影响公众风险感知的重要因素，而集体行动是风险感知在社会反应层面放大的具体表现。也就是说，事件的危害程度越大，公众的风险感知越强烈，其产生集体行动的可能性也就越大。参照《突发事件应对法》中对突发事件级别的划分，以伤亡人数、资源耗损程度及产生的社会负面影响大小为划分标准，将校园安全事件分为特别重大、非常重大、较大、一般四个等级。若案例为特别重大这一级，则赋值为 1；若为重大，则赋值为 0.67；若为较大，则赋值为 0.33，若为一般，则赋值为 0。

变量选择与赋值说明，见表 3 - 2。

---

① 方芳：《从司法案例大数据反观学校在校园安全事故中的责任与限度》，《现代教育管理》2017 年第 6 期。

表 3 - 2 变量选择与赋值说明

变量属性	变量名称	子变量	变量数据统计	赋值
结果变量	是否引发次生社会安全事件（Y）		是	1
			否	0
条件变量	家长行为驱动（A）	负面情绪（A1）	强	1
			弱	0
	学校应急处置（B）	应对主体（B1）	除校长以外的人员	1
			校长	0
		应对态度（B2）	敷衍/隐瞒/避而不谈	1
			开诚布公	0
		应对主动性（B3）	被动应对	1
			主动应对	0
		应对及时性（B4）	不及时	1
			及时	0
	政府应急处置（C）	应对主体（C1）	市级以下	1
			市级	0.67
			省级	0.33
			国家级	0
		应对态度（C2）	敷衍/隐瞒/避而不谈	1
			开诚布公	0
		应对及时性（C3）	不及时	1
			及时	0
		信息发布时间（C4）	>24 小时	1
			≤24 小时	0
	传播属性（D）	谣言（D1）	有	1
			无	0
	事件属性（E）	学校承担责任（E1）	学校承担责任 = 100%	1
			50% ≤学校承担责任 < 100%	0.67
			0 <学校承担责任 < 50%	0.33
			学校承担责任 = 0	0
		危害程度（E2）	特别重大	1
			重大	0.67
			较大	0.33
			一般	0

　　运用层次分析法计算各子变量的权重，见表 3 - 3，然后，用各子变量的分值乘以权重加总后得到该变量的最终分值。根据赋值规则和案例资料构建真值表，将真值表导入 fsQCA 3.0 软件中进行计算。

表 3 - 3　　　　　　　　　　　条件变量权重表

条件变量	子变量	权重
家长行为驱动	负面情绪	1.000
学校应急处置	应对主体	0.125
	应对态度	0.375
	应对主动性	0.125
	应对及时性	0.375
政府应急处置	应对主体	0.125
	应对态度	0.375
	应对及时性	0.375
	信息发布时间	0.125
传播属性	谣言	1.000
事件属性	学校承担责任	0.550
	危害程度	0.450

三　结果分析

1. 单变量必要性分析

　　单个条件变量的分析涉及一致性和覆盖率的计算。一致性（Consistency）是指各条件变量或条件变量组合在整个样本案例中导致最终结果发生的关系度，用来描述条件（或条件组合）X 与结果 Y 之间的关联程度，是判断必要条件的标准。当一致性指标大于等于 0.9 时，可将 X 视为 Y 的必要条件，即一致性指标（$Y_i \leqslant X_i$）$\geqslant 0.9$。覆盖率（Coverage）是指条件变量或者条件变量组合案例数与结果案例数之间的比值，用来描述 X 对 Y 的解释力度。覆盖率指标越趋近于 1，则说明 X 对 Y 的解释力度越大。

表 3 – 4   单变量必要性分析结果（结果变量取值为 1）

解释变量	一致性	覆盖率
家长行为驱动	1.00	0.52
学校应急处置	0.67	0.95
政府应急处置	0.51	0.83
传播属性	0.27	0.75
事件属性	0.55	0.50

由表 3 – 4 可以看出，在五个条件变量中，只有"家长行为驱动"的一致性大于 0.9，可视为结果发生的必要条件。进一步分析覆盖率分值，可知其能够解释约 52% 的案例，说明超过半数引发次生社会安全事件的案例中有家长负面情绪的出现。

2. 条件组合分析及措施

（1）条件组合分析

条件组合分析是从组态视角出发，检验条件变量组合而成的不同组态对结果变量的解释。复杂解结果显示条件组合的整体一致性为 0.94，覆盖率为 0.55，说明输出的所有条件组合可解释约 55% 的案例，解释力度较高。具体来看，有两条路径的一致性大于 0.9，见表3 – 5，能够导致结果出现，分别是路径一（家长行为驱动 * 学校应急处置 * ~政府应急处置 * 传播属性）和路径二（家长行为驱动 * 学校应急处置 * 政府应急处置 * ~传播属性 * 事件属性）。将路径一回归到案例库中发现，成都某实验中学食品安全事件、山东某实验学校食品安全事件、陕西某幼儿园食品安全事件均属于此条路径。将路径二回归到案例库中发现，北京某实验小学"毒跑道"事件、浙江某小学"毒跑道"事件、江苏某外国语实验学校"毒地"事件均属于此条路径。

表 3 – 5   条件变量组合结果表

编号	条件变量组合	对应路径案例（节选）	一致性
1	A * B * ~C * D→Y	成都某实验中学食品安全事件	1.00
2	A * B * C * ~D * E→Y	北京某实验小学"毒跑道"事件	0.91

注：表中"*"表示"和"的关系，"~"表示"不发生或者不存在"，"→"表示"导致"。

通过进一步分析发现：

第一，"家长行为驱动"和"学校应急处置"是路径一和路径二中共同出现的条件组合，说明该条件组合是引发次生社会安全事件最关键的一种组合方式。

第二，"政府应急处置""传播属性""事件属性"作用有限。首先，在路径一中，"政府应急处置"没有出现，而在路径二中，"传播属性"没有出现，这说明"政府应急处置"和"传播属性"并没有以往个案研究结论中那么重要，其在校园安全事件演化中的作用很大程度上依赖于与其他条件变量的组合。这种结果可能的原因是校园安全事件与其他突发性事件相比具有特殊性，其他突发事件的第一反应主体是政府，而校园安全事件的反应主体先是学校后是政府。如果校园安全事件的相关信息公开及时，谣言的作用也不大，所以，传播属性的作用有限。另外，"事件属性"在路径二中出现，但未在路径一中出现，说明在不同的条件组合中，事件属性并不是必须存在的条件，可被其他条件替代。

（2）应对措施

我们要避免校园安全事件的应急管理失灵，要做到三个第一。一是第一时间缓解家长负面情绪。不管学校责任大小如何，学校应急响应人员应该在第一时间安抚家长情绪，而不是因为担心家长"闹事"，把家长拒之门外。家长负面情绪的化解是防止校园安全事件恶性演化的关键要素。校园安全事件发生后，学校应成立专门的沟通小组，第一时间告知家长安全事件的详细情况，以坦诚的方式解答家长的所有疑问，充分保障家长的知情权，并搜集家长的意见和利益诉求，畅通家长的利益诉求渠道，秉持诚恳、有效、有针对性的原则与家长进行及时、充分的沟通，以稳定家长的情绪，尽可能地消除家长的不安、担忧和不满，让家长能够冷静思考、理性行动。二是学校第一责任人第一时间主动响应。校园安全事件发生后，学校第一责任人必须成为应急工作的领导者、组织者和安排者，并出面与家长进行沟通，让家长看到学校解决事件的诚意，提升家长对学校能良好解决事件的信任度，促进校园安全事件的良性解决。三是学校和政府相关部门第一时间公布信息。学校和政府相关部门采取逃避、隐瞒甚至是欺骗的方式回应家长和群众的疑惑，不仅无法推动事件的良性化解，还会使家长和群众丧失对学校的信任而妄自揣测，制造、传播和相信谣言，增加事件解决的难度。在校园安全事件的应急响应中，主动第一时间进行信息沟通，才能掌握事件发展的控制权。

第四节　校园安全事件危机管理策略[①]

"后真相"时代在特朗普当选美国总统和英国公投脱离欧盟事件后，正式拉开帷幕，"后真相"成为《牛津大词典》2016 年年度热词。"后真相"是指情感和个人信念在塑造公众观念方面的作用超过客观事实的现象。美国学者拉尔夫·凯斯认为，"后真相"时代的人们处于道德伦理灰色地带，欺骗别人变成一种挑战、一种游戏和一种习惯。[②]"后真相"时代的突发事件常常链接着"云山雾罩"的夸克级信息场，且信息场中充斥着各种各样的真假信息。当某类信息引起民众的情感共振时，不管该事件发生的原因究竟是什么，都可能掀起狂潮，导致社会恐慌失序。就此而言，"后真相"时代危机管理的关键是危机信息治理。

根据韩志明[③]、钱坤[④]等学者提出的信息治理逻辑，本研究把危机信息治理定义为：危机管理主体搜集、筛查、判别和分析与危机事件相关的各种信息，赋予信息价值意义，提供信息解释方案，吸收有益信息，消除不良信息，以推动危机学习和改善危机沟通的过程。它是"大数据环境下的适应性治理"[⑤]。危机信息治理对于校园安全治理尤为重要。这是因为，校园安全事件涉及儿童和青少年，极具敏感性，人们容易被未经证实的信息蛊惑，形成情感共振。例如，2017 年四川某地中学生坠楼死亡事件中网友散布的学生生前曾遭受校园暴力的谣言，2018 年北京某幼儿园虐童事件发酵过程中产生的"老虎团"成员集体猥亵幼儿的谣言等，

---

① 张桂蓉：《后真相时代校园危机管理如何实现"抽薪止沸"？》，《南京社会科学》2020 年第 7 期。

② 转引自 K. Keye, *The Post - Truth Era：Dishonesty and Deception in Contemporary Life*，New York：St. Martin's Press，2004.

③ 韩志明：《在模糊与清晰之间——国家治理的信息逻辑》，《中国行政管理》2017 年第 3 期。

④ 钱坤：《从"治理信息"到"信息治理"：国家治理的信息逻辑》，《情报理论与实践》2020 年第 7 期。

⑤ 张海波：《大数据的新兴风险与适应性治理》，《探索与争鸣》2018 年第 5 期。

都曾引发席卷全国的次生型网络舆情危机。①

　　这些舆情虽然都会在一段时间后熄灭，但造成的影响却异常恶劣。一方面，由于互联网时代信息传播方式具有时效性与碎片化特征，使得传递给公众的事件相关信息始终处于断裂和不断被补充的状态，与这一状态同步的是个人基于立场情感对事件的持续解读和自生产，不断消解事实真相，导致小冲突演变为大冲突，小危机演变为大危机，单一危机衍生为复合危机；另一方面，不断转移的热点新闻迅速覆盖了民众前一秒还关注的安全事件，以至于民众在来不及彻底了解该安全事件客观事实的情况下，在脑海里保留了关于该事件的种种谣言，这类谣言的累积不仅损害学校和教育主管部门的形象，挑战官方媒体的权威，也消解了政府的公信力。学校危机管理已进入 2.0 版时代，如果没有适应"后真相"时代的校园危机信息治理机制，学校和政府相关部门很容易陷入"塔西佗陷阱"而难以自拔。

一　校园危机管理的理论基础与模型建构

　　为弥补现有研究的不足，我们把校园危机信息治理技术与校园安全事件生命周期、校园危机管理周期紧密结合起来，整合风险的社会放大理论，以信息治理的内在逻辑为主线，建构校园危机信息治理模型。

　　1. 理论基础

　　（1）互联网时代的危机管理理论

　　徐宪平、鞠雪楠认为，互联网时代危机的特征、演变趋势已经发生革命性变化，危机扩散的速度快、范围广，信息公开透明且互动性强，危机演化具有线上线下交互渗透和导向的特征，危机主体多元、复杂，危机情境下人人互联、万物互联，充斥着各种谣言和网络暴力。在这种情况下，危机管理具有高度复杂性、透明性、突变性和不确定性。② 正如薛澜所说，危机特征的演化必然导致应急管理体系的系统性改变。③ 危机

---

①　高虓源、张桂蓉、孙喜斌等：《公共危机次生型网络舆情危机产生的内在逻辑——基于40 个案例的模糊集定性比较分析》，《公共行政评论》2019 年第 4 期。

②　徐宪平、鞠雪楠：《互联网时代的危机管理：演变趋势、模型构建与基本规则》，《管理世界》2019 年第 35 期。

③　薛澜：《中国应急管理系统的演变》，《行政管理改革》2010 年第 8 期。

管理中的实证逻辑、经验判断受到价值判断的挑战；危机因果关系从线性到多元，反复置换；刚柔并济变得越来越重要；应急管理机构和组织模式更强调协同与合作。在此基础上，徐宪平提出互联网时代的危机管理模型，将危机管理周期与危机生命周期的五个阶段一一对应，并与互联网关注度的强弱进行匹配，明确危机管理前期主要手段是管控与隔离，危机管理后期的主要手段是沟通和总结。

（2）风险的社会放大理论

风险的社会放大框架（Social Amplification of Risk Framework，SARF）由卡斯帕森夫妇、雷恩及其同事、斯洛维奇及其同事于 1988 年创立，被国内外学者广泛应用，至今已经形成理论体系。该理论认为，[1] 风险的社会放大过程包括风险的信息扩散和风险的社会放大（弱化）两个阶段风险、风险事件以及两者的特点被风险信号（形象、信号和符号）刻画后，在一系列的心理、社会、制度、文化的过程相互作用下，经过各种各样的放大（弱化）站，例如，个人、社会团体和公共机构等，得到放大或者弱化，形成涟漪效应，对利益相关者、相关组织和机构、社区或者公共机构的公信力等很多方面造成影响。[2] "后真相"时代，信息传播的速度、范围、渠道均发生了显著的变化，使得风险放大的可能性大大提高。[3]

（3）信息治理逻辑

处理和利用不同形态和内容的信息是国家治理活动的核心。韩志明认为，信息是贯穿国家治理的主线，是国家治理体系的神经系统。[4] 西蒙认为，后工业社会组织面临的最大问题不再是部门化问题和操作单位的协调问题，而是对信息储存和信息处理进行组织的问题。上至政府各级各类部门，下至基层各个组织和机构，在互联网时代开展任何治理活动

---

[1] R. E. Kasperson, O. Renn, P. Slovic, et al., "The Social Amplification of Risk: A Conceptual Framework", *Risk Analysis*, Vol. 2, 1998.

[2] ［英］尼克·皮金、［美］罗杰·E. 卡斯帕森：《风险的社会放大》，谭宏凯译，中国劳动社会保障出版社 2010 年版。

[3] 祝阳、雷莹：《网络的社会风险放大效应研究——基于公共卫生事件》，《现代情报》2016 年第 36 期。

[4] 韩志明：《在模糊与清晰之间——国家治理的信息逻辑》，《中国行政管理》2017 年第 3 期。

都需要依托数据的收集、整理、分析、传递和应用。① 钱坤把"治理信息"分为静态信息和动态信息两大类，前者指人力、物力、组织机构等方面的信息，后者指人与人、人与组织、组织与组织之间的互动。这些治理活动突出体现在政府对于突发事件的处理过程中。② 突发事件一般起因于久而未决的社会问题。社会问题之所以久而未决，通常是因为该问题尚未进入政府的决策议程中。围绕信息治理，产生这样的认识偏差有两种情形：一是决定什么问题该进入决策议程的政府决策者与公众了解的信息不一致，或者不了解问题真相造成了误判；二是公众从自身的利益出发，被互联网庞杂信息诱导，认为必须解决的问题被政府忽视，而政府并没有及时收集、整理和分析全面的信息。如果群体成员对某类信息一开始就存在偏向，在"回声室效应"作用下，朝着偏向持续移动，最终形成"群体极化"，导致极端观点广泛传播。③ 政府决策者与公众产生认识偏差的原因，很大程度上源于个人和组织都存在"注意力稀缺"问题。④ 当信息通过官僚组织的层层筛选后，政府决策者对于信息的了解简洁化，与公众对问题理解的距离越来越远。一旦"群体极化"现象发展到一定程度，公众就会通过"闹大"的方式引起政府决策者关注，⑤从而形成矛盾冲突。因此，政府必须不断提高信息的收集、整理、分析、传递和应用的能力。

2. 校园危机信息治理模型

校园危机事件是指由学校内外因素引起的干扰学校正常运行、严重损害或可能严重损害学校组织功能及成员利益的突发事件、意外事故。⑥ 校园危机信息治理是指危机管理主体以收集与筛选、分析与评价校园危机事件相关信息为基础开展的信息整合与加工、信息对话与分享、信息

① ［美］赫伯特·西蒙：《管理行为》，詹正茂译，机械工业出版社 2013 年版。

② 钱坤：《从"治理信息"到"信息治理"：国家治理的信息逻辑》，《情报理论与实践》2020 年第 7 期。

③ 胡泳：《新词探讨：回声室效应》，《新闻与传播研究》2015 年第 6 期。

④ 庞明礼：《领导高度重视：一种科层运作的注意力分配方式》，《中国行政管理》2019 年第 4 期。

⑤ 韩志明：《问题解决的信息机制及其效率——以群众闹大与领导批示为中心的分析》，《中国行政管理》2019 年第 4 期。

⑥ 鞠玉翠：《中学危机管理实务》，中国轻工业出版社 2009 年版。

服务与应用等活动。风险的社会放大理论显示，"危机事件"在"后真相"时代也可能是被"谣言"放大的风险引致的，而信息治理逻辑则给予了危机管理新的视角。本研究建构的校园危机信息治理模型如图 3 – 1 所示。

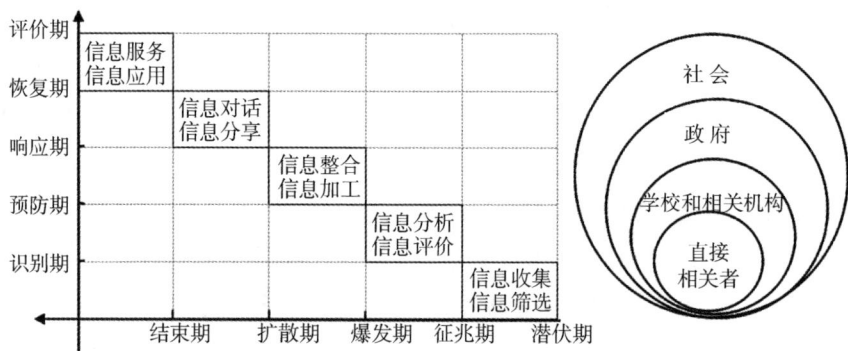

图 3 – 1　校园危机信息治理模型

校园危机管理按照校园危机事件的发展阶段，对应着不同的管理目标。通常情况下，校园危机事件会经历潜伏期、征兆期、爆发期、扩散期、结束期五个阶段；与之相应，危机管理也经历识别期、预防期、响应期、恢复期、评价期五个阶段。伴随着校园安全风险的放大（弱化），与校园危机事件发展演化阶段相对应，学校、教育行政部门、相关机构等危机管理主体要通过信息收集和筛选、分析和评价、整合和加工、对话和分享、服务和应用等行为，分别实现校园危机管理五个阶段的目的。校园危机生命周期、校园危机管理周期、校园信息治理周期在风险放大（弱化）背景下形成了一一对应的关系。这是本模型的主要贡献。

（1）信息收集和筛选

信息收集是指按照全面性、时效性、准确性的原则，通过各种途径获取风险信息的过程。信息筛选是指按照可能性和危害性大小排序，以发现重要风险信息的过程。在校园危机事件的潜伏期，与校园危机相关的风险信息收集和筛选是危机信息治理的首要条件。校园安全风险信息包括常规信息和非常规信息：常规信息包括日常管理中的隐患排查和个人体质健康等方面的信息；非常规信息包括各个学校根据自身的实际情况重点关注的突发安全风险信息，例如传染病信息、师生冲突信息等。校园安全风险信息收集的对象是与学校相关的个体，如学生、家长、教师及其他教职员工等，他们对学校、教师的各种意见和建议是学校维持良好教学秩序的基础。学校的教师、班主任、年级组长、学校安全工作小组构成学校安全风险信息收集和筛选的组织系统，以班为单位，实行网格化管理，形成安全风险信息定期收集和筛查的制度。这要求学校的每一位教师都具有安全知识和风险意识，对学生及其家长、教职工提出的问题及时回应和解决，筛选和识别学生及家长、相关教职工传递出的风险信息。

（2）信息分析和评价

信息分析和评价是指对筛选出的风险源信息进行比对辨别，确定风险点，判断风险等级的连续信息处理过程。在校园危机事件的征兆期，需要危机管理者完成以下工作：首先，根据校园危机事件档案信息对已经筛选出的风险信息进行分析，列出风险清单，确定风险点，判断风险清单中各个信息之间的关联程度、与危机事件的关联程度以及危机响应的等级。其次，根据危机响应等级和已有的危机响应预案信息库，结合现实情况，制订即时的危机预防方案，开展危机响应的准备工作，把校园危机事件遏止在萌芽状态。

（3）信息整合和加工

信息整合指在应急管理机构的领导下，把零散的信息串联起来，实现共享和协同的信息处理过程。信息加工是指对整合的信息辨别、分类、排序、分析和研究，形成新信息的处理过程。这要求危机管理者在危机事件的爆发期要完成以下工作：第一，学校危机管理小组要与教育行政部门、当地政府、公安、检察院、法院、媒体等部门和机构建立信息协同机制，实现信息有序自由流动；第二，运用大数据技术、人工智能技术整合各个组织、部门、机构掌握的信息，抓住校园危机事件的要害问题，快速反应，控制事态；第三，通过危机事件的分析模型和综合模型，对危机信息进行加工，确定校园危机处置方案；第四，掌握校园危机事件直接利益相关者信息，安抚学生、家长、教师等当事人情绪，安定人心；同时，保持与外界的信息沟通，及时回应社会呼声。

（4）信息对话和分享

信息对话和分享是指通过双方、多方平等的沟通互动，交换事实信息，建构危机共同体，恢复相互信任的过程。在校园危机事件的扩散期，危机管理者要完成以下工作：首先，要通过对话开展信息沟通的工作，主动通过各种渠道向社会各界公布校园安全事件的客观事实信息，尤其要澄清危机事件爆发前、中、后的各种谣言，减少校园危机事件对利益相关者的损害，对学校和教育行政部门，乃至政府形象的破坏。其次，广泛收集群众意见，依法妥善解决利益矛盾。

（5）信息服务和应用

信息服务和应用是危机信息管理的归宿，是指整理和评价危机管理过程信息，修改完善危机管理预案，为未来危机管理和共识重建服务的过程。在校园危机事件的结束期，危机管理要完成以下工作：首先，收集利益相关者和社会各界人士对校园危机管理的评价，开展校园危机事件处置评估，发现校园危机管理存在的问题，修改校园危机管理预案，并把校园危机事件相关信息存档，充分利用危机治理信息为完善校园危机管理的体制机制服务。其次，要把危机治理信息应用于利益相关者之间的意见竞争，形成利益平衡，修复学校和政府行政部门的形象，化危为机，分享价值和意义，重构共识和信任。

二 基于危机信息治理的校园危机管理方案

"后真相"时代的校园危机信息治理已经成为校园危机管理的关键，我们以成都某实验学校食品安全事件的案例为例，汲取校园危机管理案例的经验，可以围绕危机信息治理，提出校园危机管理的新方案（见图 3-2）。

第一，组建常规化的危机信息收集与筛查小组。在成都某实验学校食品安全事件的案例中，由于区长、区市场监管局副局长、校长对 2018 年 12 月家长在网络理政平台上关于食品安全问题的投诉回应不及时，加上监管不力、学校整改不到位，才逐渐累积出现家校之间的冲突。因此，这个常规化的小组的任务就是收集、筛选、分析、评价校园风险信息，实时提供校园安全风险清单，制定符合本校情况的校园危机管理预案。

第二，组建非常规化的危机信息整合和加工机构。根据校园安全事件的严重程度组建机构。如果是普通的安全事件，要组建由学校主管安

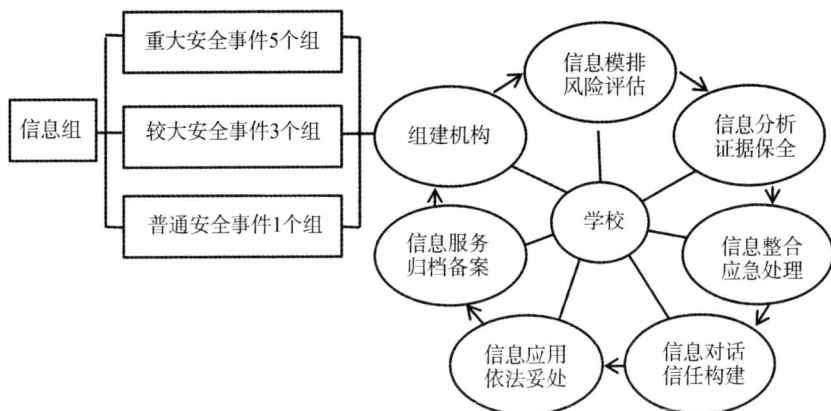

图 3-2　校园安全事件危机管理方案

全的校领导、当事老师、学生家长、学校相关应急救援人员组成的 3—5 人的处置小组；如果是较大的安全事件，要组建由信息组、救援组、协调组构成的应急处置机构；如果是重大的安全事件，要组建由信息监管组、事件调查组、紧急协调组、利益协商组、紧急救援组构成的应急处置机构。应急机构的组建要根据事件的严重程度，邀请学生家长代表、权威媒体、政府教育主管部门、第三方机构、公安部门等方面的人员参加。

第三，开展信息摸排和证据保全的工作。应急处置机构根据事件发展的情况开展现场调查，掌握关键信息，留存证据，同时注意安抚家长情绪，防止谣言散布。

第四，整合和加工信息，制定处置方案。根据事件具体情况，整合各个小组的信息，按照紧迫程度和严重程度排列危机信息，决定应急工作需要回应问题的先后顺序，制定灵活机动的处置方案。

第五，进行信息对话，重构相互信任。应急处置机构要与公众平等、实时沟通互动，坦诚、有效地回应公众质疑，破除"回声室效应"。疏通信息渠道，减少形象损害，重构意义价值。

第六，应用信息，依法依规妥善处理。应急处置机构要根据事件起因、经过、证据保全和责任认定的相关信息，按照制度法规处理学校安全事件，平衡协调各方利益，依法坚决做到"不闹也赔""闹也不赔"，打击校园安全事件中"借闹取利"的行为。

第七，开展信息服务工作，归档备案。应急处置机构要面向社会公布校园安全事件处置相关信息，回应社会关切。同时，学校要进行备案归档的工作，总结经验教训，为未来类似安全事件提供判例依据，实现危机学习的目的。

第 四 章

校园安全事件应急处置
中的班级管理

　　应急处置中行动者与系统的关系影响应急处置效果。中小学校园安全事件应急处置中班级管理非常重要，班级管理中班主任的作用是关键。本章基于2021年收集的47个中小学校园安全处置案例的质化分析，探讨中小学班主任在校园安全事件应急处置中的角色分配与行为；明确班主任是校园应急处置系统的重要行动者，承担着风险监测者、紧急处理者、风险协调者、舆论引导者、风险信息沟通者等应急角色；班主任的角色分配与应急处置行为呈现"一人分饰多角"的治理关系。应急处置的即时反应阶段，班主任作为风险监测者开展信息沟通行为；应急处置的中期应对阶段，班主任分饰紧急处置者与舆论引导者两种角色，主要执行应急协作行为；应急处置的善后处理阶段，班主任作为风险协调者实施信息评估行为。应急处置过程中班主任的应急行为受专业能力需求、规范化处置要求、注意力分配差异等因素影响。由此，本章提出完善中小学校园安全事件应急处置中的班级管理，需要明晰班主任在校园应急处置中的角色与职责、建构集成高效的校园应急处置系统，以及提升班主任参与校园应急处置的专业能力。

第一节　校园安全事件应急处置中班级管理概述

一　校园安全事件应急处置中班级管理的重要性

应急处置中行动者与系统关系的研究逐渐跨越应急管理专业范畴，

成为公共管理学界关注的重要议题。作为公共安全的薄弱环节，校园安全是中国公共安全治理的重中之重。[1] 其中，中小学校园安全更是亿万家庭瞩目的焦点。2020 年，我国共有 23.52 万所中小学校，在校学生共计19767.24 万人。[2] 中小学校学生数量众多、人口密集，加之中小学生的身心发展不成熟、社会关注度高等因素，相较于其他场景，校园安全事件在中小学校园将造成更为严重的后果与影响。[3] 因此，维护中小学校园的正常运行秩序，保障学生的生命健康与安全，是建设更高水平平安中国的重要任务之一。教育部、公安部等部门曾对部分省市进行了一次联合调查。调查数据显示，北京、天津、上海等十省市平均每天约有 40 名学生非正常死亡。[4] 由此可以得出的一个推理是，降低中小学校园安全事件发生率，减少各类安全事件的影响，重要的是建立系统性的应急处置治理结构，提升应急处置效能。

中小学校园应急管理的主体众多，班级是最基本的管理单元，班主任是最重要的行动者，也是基层应急处置流程的主要执行者，对班主任的探讨吸引了理论界与实务部门的注意力，班主任在应急处置中的地位日益重要，所承担的角色日益凸显，一些校园安全事件评估报告已呈现出对班主任角色的复合价值评判。作为应急处置一线的行动者，中小学班主任往往承担着多项职责，经常出现"一人分饰多角"的治理图景。行动者面对不确定性，更容易应用自身角色所具有的权力。[5] 由此产生的一个"合理"推论是，既然班主任的应急行为影响校园安全事件的处置效果，那么班主任有效的应急处置行为可以更好地提升校园安全事件应

---

[1] 张海波、童星：《专栏导语：中国校园安全研究的起步与深化》，《风险灾害危机研究》2017 年第 3 期。

[2] 中华人民共和国教育部：《2020 年全国教育事业统计主要结果》（http：//www. moe. gov. cn/jyb_xwfb/gzdt_gzdt/s5987/202103/t20210301_516062. html，2021 - 3 - 1/2021 - 3 - 5）。

[3] 高小平、彭涛：《学校应急管理：特点、机制和策略》，《中国行政管理》2011 年第 9 期。

[4] 教育部、公安部等：《北京等十个省市调查：每天 40 名学生非正常死亡》（https：//www. eol. cn/ruo_shi_qun_ti_2077/20060323/t20060323_91382. shtml，2004 - 03 - 30/2020 - 12 - 23）。

[5] ［法］米歇尔·克罗齐耶、［法］艾哈尔·费埃德伯格：《行动者与系统——集体行动的政治学》，张月等译，上海人民出版社 2007 年版。

急处置的治理效能。因此，"学习"成功的校园安全事件处置案例经验，是提升校园应急治理效能的有效方式，并为后续类似校园安全事件的应急处置提供情景模拟与"学习"机制。从规范意义上说，在既定的时间与环境约束条件下，行动者需要有效执行应急处置要求。但问题在于，应急处置实践过程中行动者承担了哪些职责与角色？行动者如何根据不同的职责与角色展开行动？不同角色与行动之间存在什么关系？这些仍然是应急管理、应急政策执行的一个"黑箱"，亟待通过实证方法进行探索及检验。

基于此，本节以班主任在中小学校园应急处置中的角色与行为作为切入点，分析校园安全事件应急处置中如何开展班级管理，运用案例分析方法，使用 Nvivo 11 软件对 47 个中小学校园应急处置案例进行编码，描述班主任在校园应急处置不同阶段中的角色分配与行为，分析不同安全事件类型中班主任的角色分配与行为的关系，并就班主任在校园应急处置中的角色与行为优化提出合理建议。

二　教师在校园安全事件应急处置班级管理中的作用

应急管理过程中行动者与系统的关系是理论界与实践部门共同关注的议题。就校园风险处置而言，学界从校园应急处置效果的影响因素、教师的应急预防功能与培训价值、教师在应急处置中的角色转换与行为等方面形成了一批有借鉴价值的成果。我们据此分析中小学校园安全事件应急处置中教师的作用。

1. 校园应急处置效果的影响因素

校园应急管理技术的发展，推动校园应急管理开始从学校内部单一部门参与的管理方式，发展为综合的、全面的、全流程的现代校园应急管理模式。[①] 这种发展源于对校园应急管理实践经验的分析、总结、推广。总结校园应急管理经验，最重要的是识别出应急管理的关键成功因

---

① 姚军玲、闫东：《校园重大突发事件应急管理的国际经验与启示》，《焦作师范高等专科学校学报》2019 年第 4 期。

素，进而有针对性地优化应急管理。[①] Omidvarden 等学者在分析 23 所学校的校园应急管理计划后发现，校园应急管理一般流程主要包括资源组织、成立咨询委员会、选择管理人、为委员会的活动提供时间表、监测与评估风险以及执行应急管理计划。[②] 在探讨校园应急处置效果时，学者们建议，学校在合理的应急管理计划基础上，建立高效灵敏的应急管理运行机制，并通过对重点项目采取针对性的预防与应急措施，可以确保发生突发事件时，学校相关部门都能够各司其职、协调配合、妥善处置。[③] 已有研究普遍认同全危害综合应急计划、行动计划的连续性、应急管理机制与流程、领导支持、社区伙伴关系等是建立成功的应急管理组织的最重要的关键因素，[④] 上述因素也是影响校园应急处置效果的现实因素。

2. 教师的应急预防功能与培训价值

教师应急处置行为的有效性是对其应急管理知识与技能水平训练的直接检验。[⑤] 基于风险预警及其预防功能的显著效益，学者们强调校园应急管理预防阶段对教师进行应急知识、技能以及其他专业培训的价值。校园应急管理预防阶段最重要的措施是进行应急管理培训，以提高教师的应急管理综合素质。[⑥] 由于应急管理能力是教师及时、有效地应对各类突发事件的重要保障，如何提升教师的应急管理能力也引发了学者们的研究兴趣。[⑦] 从应急技术角度来看，学校管理者应加强针对教师的安全教

---

① Xinyi Zhou, Yangqiuyan Shi, Xinyang Deng, Yong Deng, "D – DEMATEL: A New Method to Identify Critical Success Factors in Emergency Management", *Safety Science*, Vol. 91, 2017.

② B. Omidvarden, K. Kayvan, T. S. Sadegh, D. Hassan, "Disaster Management Structure of Universities: Case Study of the Central Campus of the University of Tehran", *Disaster Medicine and Public Health Preparedness*, Vol. 6, 2017.

③ 辽宁省大连市应急管理办公室：《强化防灾意识 建设平安校园——大连市实验小学加强应急管理工作的实践与经验》，《中国应急管理》2014 年第 4 期。

④ N. Kapucu, S. Khosa, "Disaster Resiliency and Culture of Preparedness for University and College Campuses", *Administration & Society*, Vol. 1, 2013.

⑤ 吴静静：《挖掘班级"突发事件"的育人价值》，《教学与管理》2020 年第 2 期。

⑥ 战明侨、柳青：《中小学教师校园应急处置能力培训探讨》，《卫生职业教育》2013 年第 11 期。

⑦ 韩自强：《应急管理能力：多层次结构与发展路径》，《中国行政管理》2020 年第 3 期。

育和安全演习训练,① 强化教师的急救知识与技巧、心理急救知识、② 危机咨询技能等。③ 教师经过这些方面的良好培训,有能力成为校园应急管理团队的一员,帮助他们在紧急情况下做出及时而合理的应急决策,为学校应急响应提供有效支持。④

3. 教师在应急处置中的角色转换与行为

Smawfield 系统探讨了教师在应急处置中应如何"从教书育人的老师"转变为应急处置专家以及心理危机干预专家的过程。⑤ 在应急处置过程中,教师首先把学生的安全需求放在首位,⑥ 然后通过自身的应急管理知识与技能,在资源匮乏与工作量增加的应急响应环境中进行有效的应急管理,并在必要的时候为遭受伤害的学生及其家人提供社会心理支持。⑦ 同时,教师还要做好心理辅导的角色。越来越多的证据表明,在遭受校园安全事件后,学生易遭受不良心理后果的影响。⑧ 因此,校园安全事故的善后处置至关重要,这种善后行为也体现了教师的责任感。通过必要的心理辅导,学生希望有教师指导他们如何应对危机,如何采取合理的方法帮助自己适应甚至"将令人恐惧的事件转变为学习体验"⑨。而

---

① 郝宁、袁欢、熬然、刘玫瑰:《中小学教师应急能力结构模型》,《上海教育科研》2013年第 7 期。

② 杨安华:《教师灾害培训与学校灾害管理能力建设——基于日本兵库县学校教师应急救援队的分析》,《贵州师范学院学报》2014 年第 10 期。

③ 周宇、崔延强:《新时代教师安全素质培养体系的构建》,《教师教育学报》2020 年第 1 期。

④ A. R. Elangovan, S. Kasi, "Psychosocial Disaster Preparedness for School Children by Teachers", *International Journal of Disaster Risk Reduction*, Vol. 1, 2015.

⑤ D. Smawfield, *Education and Natural Disasters*, New York: Bloomsbur, 2013, p.115.

⑥ L. Parmenter, "Community and Citizenship in Post Disaster Japan: The Roles of Schools and Students", *Journal of Social Science Education*, Vol. 11, 2012.

⑦ P. O'Connor, N. Takahashi, "From Caring About to Caring for Case Studies of New Zealand and Japanese Schools Post Disaster", *An International Journal of Personal*, *Social and Emotional Development*, Vol. 1, 2014.

⑧ B. Pfefferbaum, J. A. Shaw and the American Academy of Child and Adolescent Psychiatry (AACAP) Committee on Quality Issues (CQI), "Practice Parameter on Disaster Preparedness", *Journal of the American Academy of Child & Adolescent Psychiatry*, Vol. 11, 2013.

⑨ A. Sakurai, M. B. F. Bisri, T. Oda, R. S. Oktari, Y. Murayama, Nizammudin, M. Affan, "Exploring Minimum Essentials for Sustainable School Disaster Preparedness: A Case of Elementary Schools in Banda Aceh City, Indonesia", *International Journal of Disaster Risk Reduction*, Vol. 29, 2018.

在这一过程中，教师处于独特而适当的位置，可以帮助学生从安全事件的影响恢复中发挥重要的监测和支持作用。① 因此，学校管理者应调动教师力量建立科学有效的、覆盖全校的干预网络，② 为遭受伤害的学生提供重要的支持，从而消除安全事件对学生心理的负面影响。③

三 班主任作用发挥是校园安全事件有效处置的关键要素之一

我国对班主任的角色要求早有规范，2009 年教育部颁布的《中小学班主任工作规定》中，要求中小学的每个班级应当配备一名班主任，以全面负责一个班级学生的思想、学习、健康和安全等工作。④ 在我国中小学教师群体中，班主任的角色兼容了教师与行政管理者的双重特性。因此，中小学班主任在校园应急处置中扮演着多重角色，并亟待在应急处置时转化为应急管理角色。

我们发现，已有研究从宏观层面探讨了学校应急管理系统结构以及安全治理体系，少量研究从微观视角初步探讨了教师的应急处置作用及行为。这些研究对增进应急管理的理论研究与实践指引起到了非常重要的作用，有助于拓展公共管理研究中的应急议题。但是，已有研究更多是从规范意义上讨论教师在应急处置中的角色与行为，尚缺乏从实证层面探讨校园应急处置行动者的作用研究，因此，分析班主任在应急处置过程中的角色分配及行为对于改进校园安全事件应急处置中的班级管理极其重要。

① J. Kenardy, et al., *Childhood Trauma Reactions: A Guide for Teachers from Preschool to Year 12 (Teachers Manual and Tip Sheet Series)*, School of Medicine, University of Queensland, 2011.

② 陈光辉、杨晓霞、张文新：《芬兰反校园欺凌项目 KiVa 及其实践启示》，《中国特殊教育》2018 年第 9 期。

③ E. Alisic, et al., "Teachers' Experiences Supporting Children after Traumatic Exposure", *Journal of Traumatic Stress*, Vol. 25, No. 1, 2012, pp. 98 – 101.

④ 《教育部关于印发〈中小学班主任工作规定〉的通知》（http://www.moe.gov.cn/srcsite/A06/s3325/200908/t20090812_81878.html，2009 – 8 – 12/2020 – 12 – 6）。

第二节　校园安全事件应急处置案例的
收集与编码分析

本节运用案例研究方法，使用 Nvivo 11 软件工具，对 A 市 47 个中小学校园安全的案例文本进行多级编码。在此基础上，对案例的编码内容及其关系进行分析。

一　校园安全事件应急处置案例样本选择及类型

1. 案例选择

采取归纳式多案例的研究设计。多案例研究遵循复制法则。从研究目标出发，本节主要采用目的抽样选择案例。选取案例的标准是：（1）案例包含所要研究对象的基本元素；（2）案例包含的基本元素满足构建分析框架的需要；（3）案例情节与叙事结构基本完整。基于上述标准，我们选择了 A 市教育主管部门组织的一次优秀校园安全案例评选活动的全部案例作为总体，从中遴选出 47 个案例作为观察与分析对象，并使用三角互证方法对案例数据进行验证。

从案例样本选择结果来看，这些案例分布在 A 市 12 个区县的 35 所中小学，并非局限于某一地区或某一学校，从而保证我们所使用的案例具有一定程度的抽样代表性。案例均由参与校园安全事故处置的班主任口述或亲自撰写，然后由其所在学校的安全稳定办公室或德育处工作人员整理并提交，每个案例都留存了作者的联系方式以及所属学校。研究人员使用三角互证的方法验证案例的真实性。首先，通过电话回访班主任，向其咨询其所参与的案例详情，根据班主任的描述对案例进行修正与补充。其次，通过电话回访入选案例所在学校安稳办或德育处，获得来自学校的信息，以验证班主任对案例真实性的描述。最后，通过安稳办或德育处，对学生及其家长进行回访，以再次验证事件的真实性。上述步骤接续推进，从数据来源、过程方面形成三角证据链，确保案例的完整性与真实性。

2. 案例类型

本节分析使用的案例共有 47 个，具体包括：传染病安全案例 5 个，其中包括水痘传染病、肺结核、流行性腮腺炎，一旦感染上这些传染病，会对学生身体健康造成极大伤害；精神卫生安全案例 4 个，主要是学生的心理健康问题所引起的一系列安全隐患事件；突发疾病案例 6 个，其中包括在校发生癫痫、昏迷、流感等，这类事故需要相当的专业知识才能妥善处理；非正常死亡案例 2 个，这两个案例均为学生在家跳楼自杀事件，但最终引起学生家长"校闹"的事件；校园周边安全事故 3 个，这些案例与校园周围环境的特点联系密切，这些学校周围要么人员鱼龙混杂，要么道路交通杂乱，时刻影响着学生的安全；溺水事故 4 个，这类事故所涉及的学生均因下河、下塘洗澡而溺水死亡，最后导致家庭与学校之间的矛盾；交通事故 1 个，其原因是学生乘坐三无车辆超载而造成的汽车侧翻受伤事件；校内意外受伤案例 15 个，这些案例均为非疾病引起的学生意外受伤事件；拥挤踩踏事故 2 个，这两个事故一个是下课楼道拥挤踩踏造成了人员死亡，另一个则是在学校操场跑道上因拥挤而被踩踏受伤；校园暴力案例 5 个，这类事故一般是因为学生之间存在矛盾而引起的斗殴事件。为了对案例进行更深入的分析，对案例进行了进一步归类，其中卫生安全案例 15 个、社会安全案例 10 个、事故灾害案例 17 个、校园暴力案例 5 个，详情见表 4-1。

表 4-1　　　　　　　　校园安全事故案例情况

类型	具体类型及数量（个）
卫生安全案例	传染病安全（5）；精神卫生安全（4）；突发疾病（6）
社会安全案例	非正常死亡（2）；校园周边安全事故（3）；溺水事故（4）；交通事故（1）
事故灾害案例	校内意外受伤（15）；拥挤踩踏事故（2）
校园暴力案例	校园暴力（5）

资料来源：作者自制。

二　校园安全事件应急处置中班主任行为编码过程

1. 开放式编码

开放式编码是在原始案例资料分析基础上不断进行概念化和范畴化，需要经历将原始资料拆散、重组、摘要、编码的一系列过程，从而形成一系列的初始概念。利用 Nvivo 11 软件对班主任在不同校园安全事件中的行为进行标记，共获编码 315 个，获得开放式编码节点 18 个（如表 4-2 所示）。

表 4-2　　　　　　　　班主任的应急行为初始编码结果

应急行为	原始文本
例行检查	在班上进行晨检工作，仔细检查学生们的身体情况
发现问题	发现学生感冒面色不佳，右耳有肿胀包块，初步判断是腮腺炎
送至就医	将学生送到医院做进一步的治疗与观察
了解情况	向学生询问事情发生的具体情况
联系家长	及时联系家长并汇报病况
上报学校	通过检查得知学生腿骨骨折，立即将该情况向校长进行汇报
其他措施	紧急疏散现场学生，告诉他们不要围观
与家长沟通	向家长说明事情经过和学生的诊断情况，并交流后续处理意见
正确引导舆论	在班上公开事情经过和学校的积极态度，引导学生不信谣不传谣
落实学校应急要求	应学校要求，在不惊动其他学生的情况下，核实涉事学生详情
与医院沟通处理	与医生进行交流，以便更多地了解学生的发病原因与预防措施
沟通校医协作	马上通知校医，利用体育课时间对教室仔细地进行了消毒处理
跟进处理	陪同学生到医院做了系列检查与处理后，才返回学校
与其他老师协作	联系学校的心理辅导老师，共同对学生进行心理疏导
与当事学生沟通交流	对学生进行生命教育，帮助他认识生命可贵、要珍惜生命
动员班级学生协作	暗中叮嘱其他同学随时注意邹某的动向，不让其有自杀的机会
加强安全教育	分析这类事件的严重性和危害性，对全班学生进行安全教育
排查安全隐患	开展班级安全教育工作，排查班上存在的各种安全隐患问题

资料来源：作者自制。

2. 主轴编码

　　主轴编码是在开放式编码的基础上，探索初始概念之间的相互联系，通过重新组织并探索构建出初始概念之间的类属关系。[①] 将开放编码所得到的 18 个应急行为进行归类，将其分别归于应急处置流程的即时反应、中期应对和善后处理三个阶段。具体而言，即时反应阶段的编码节点包

---

　　① L. Richards, *Using NVIVO in Qualitative Research*, London：SAGE Publications, 1999, p. 45.

括例行检查、发现问题、送至就医、了解情况、联系家长、上报学校以及其他措施。中期应对阶段的编码节点包括与家长沟通、正确引导舆论、落实学校应急要求、与医院沟通处理、沟通校医协作、跟进处理、与其他老师协作、与当事学生沟通交流以及动员班级学生协作。善后处理阶段的编码节点包括加强安全教育和排查安全隐患。

第三节 校园安全事件应急处置中班主任的角色分析

《中小学校岗位安全工作指南》则对班主任的安全管理职责与角色进一步做了规定。[①] 相较于文件表述,本节的编码分析结果更为丰富:班主任除了承担相关规定要求中的职责与角色,还承担风险监测者、紧急情况处置者、风险协调者、舆论引导者、风险信息沟通者五种角色。

一 风险监测者

研究结果发现,班主任是校园安全的风险监测者,主要负责其职责范围内的风险预警与防范监测,为有效应对各类校园风险提供较为充分的、准确的信息来源。班主任的风险监测者角色主要体现为承担检查班级设施设备安全、排除安全隐患、进行晨(午、晚)检以及仔细查看学生精神和身体状态等岗位职责。这意味着,班主任在安全事件发生前进行了例行检查、观察学生身体状况、安全隐患排查等工作,通过一系列的应急管理预防行为来搜集信息、发现风险,进而排查危险源。

某校老师自述:"10 月 17 日早上,我在班级例行晨检工作,因学校安全部提醒秋季传染病较多,所以我仔细检查了孩子们的面色、体温、四肢、精神状态及询问身体情况,并让孩子在厕所检查自己的躯干有无带状疱疹等异常情况。经检查我班学生闫××躯干的 6 颗红色斑丘疹有瘙痒感,我

---

① 教育部:《中小学校岗位安全工作指南》(http:// www. qinyuan. gov. cn/ qyxxgk/ zfxxgk/ bmxxgk/xzfgzbm/jkj/qzqd021/zwgksx/xyaq_222978/xyaqgl/202101/t20210106_2229459. html, 2013 - 3 - 25/2019 - 12 - 23)。

随即带领孩子到医务室李校医处做进一步检查，确诊为水痘。"①

　　某校老师自述："从孩子写的东西看出，她对母亲有仇视心理，孩子的母亲有暴力倾向，致使孩子害怕母亲，但是又渴望母爱。我把何同学的事情反映给学校，同时报告这个孩子在手腕处有刀子划过的自残痕迹，我感觉这个孩子的心理或者说性格有分裂性，或许有自杀倾向。学校立即要求我对这个孩子进行谈话，以借钱事件为契机，对孩子家庭、表现、交往摸清底细，做全方位了解。"

　　某校老师自述："星期一，我在晨检时发现王同学面色不佳，询问得知有轻微感冒，我联系家长得知已配有感冒药。但我在上课时观察发现，他的精神不佳，并且右侧耳朵以下有肿胀的包块，于是我去摸了摸孩子肿胀的地方。他说疼，凭着我在疾病预防学习中学到的知识，初步判断是腮腺炎。我立即带他到医院诊治，同时报告学校领导并通知家长，经过医生的诊断该学生被确诊为流行性腮腺炎，并确认具有一定的传染性。"可以看出，学校形成了严格的风险管理体制，而班主任担当起学生安全风险监测者。

二　紧急情况处置者

　　班主任承担紧急处理者的角色，需要运用各类应急管理知识与技能，及时有效地处理校园安全事件。案例编码显示，在安全事件发生时，班主任在了解事故具体情况的基础上，要么紧急疏散围观学生，对身处风险中的学生进行急救，要么立刻将受伤的或身体处于不适状态的学生送至就医。由于临近校园安全事故的发生场所或者直接"在场"，班主任往往是安全事故的第一责任人，所以班主任发现学生在校出现身体不适或危险情况时，要立即采取措施、组织抢救。显然，在校园应急处置的关键环节，案例中的班主任需要承担紧急处理者的角色，为校园安全事件的后续处理奠定基础。

　　某校老师自述："一天下午体育课上，易同学正弯腰拾地上的实心球往器材筐里放，被另一个同学曾某从不远处扔来的实心球砸到了头部，当场昏倒在地并鲜血直流，在场的学生们都大叫易同学流血了、出大事了，整

---

　　① 某校老师自述内容均来自 2021 年收集的 47 个中小学校园安全处置案例。以下同。

个运动场一片紧张和混乱，我立即赶过去，让其他老师疏散围观的学生们，然后小心将易同学抱到学校医务室检查，同时向学校报告这件事。"

某校老师自述："初二学生张某在体育课后最先跑回教室坐到自己座位上，张某的位置是靠近过道的位置。他看见后排同学刘某跑了进来，伸出右脚放在过道上。刘某没看见，被张某伸出的脚绊住摔倒，后脑勺撞在其他同学桌子的棱角上。顿时，刘某头部后面出血，眼睛翻白，大约半分钟后昏倒在地不省人事。同学们赶紧通知我。我急忙赶来看到一动不动的刘某，立即拨打'120'电话，用急救方式为刘某简单止血，然后背起刘某就往校门外走去，并让其他同学把情况报告给学校领导，10分钟后救护车来了，我和校长一同上了救护车。"班主任在安全事件中承担着重要角色，不仅要紧急疏散围观学生，还要对身处风险中的学生进行急救，或者立刻将受伤的或身体处于不适状态的学生送至就医。班主任这些行为可以为风险事故的处置取得良好效果。

三 风险协调者

班主任作为班级安全管理的负责人，在校园安全事件发生后，有责任协调当事学生及相关各方协同处理安全事件，承担风险协调者的角色。案例编码显示，校园安全事件发生后，班主任一般会在第一时间与当事学生的家长进行联系沟通，同时将事件详情上报给学校管理者，根据学校的要求落实应急措施，并积极地与当事学生以及医生进行沟通交流。在特殊情况下，班主任还需要借助其他教师的力量甚至是动员班级学生进行协作。从风险协调角度而言，班主任处于校园安全事件处置过程中各主体信息沟通的关键节点位置，是校园安全事件处置过程中重要的协调者。

某老师自述："我班即将上体育课，部分男同学开始在操场嬉戏。这时张同学突然摔倒了，他的一只手臂无法活动。同学们立即向我报告。我校对可能出现的学生意外伤害制定有规范的处置程序，当老师、学生或者其他人发现有学生受到伤害之后，要立即向学生的班主任汇报，由班主任根据受伤害程度决定是否要向家长、学校及上级汇报。见到张同学后，我检查了一下他受伤的情况，发现没有出血，看不出红肿，也不说哪里痛，就是手臂无法行动。我发现问题有些严重，就根据学校安全事故处置预案向学校安稳办负责人汇报了这个情况，并立即把孩子带到镇卫生院检查，同时给张同学的奶奶打电话。可是电话无法接通。到了镇卫生院，医生初步诊断为手臂骨折，但是 X 光机无法使用，建议我转到 JS 骨科医院进一步检查治疗。这个时候，张同学奶奶打电话过来了。我立即向她陈述了事情经过和孩子受伤的初步诊断，向她询问孩子的治疗方案，她让我先带张同学去医院检查治疗，她晚些时间到。我向学校汇报了张同学初诊情况，反映了他家庭的特殊状况以及医院建议我带张同学到 JS 骨科医院治疗的信息。学校同意我带孩子过去，并嘱咐我保留治疗凭据，作为学生保险办理凭证。我立即驾车带孩子到 JS 骨科医院。经过 X 光检查，张同学小臂骨折，医生说问题不大，建议不做手术，直接手法复位，上夹板休息几天就可以好。我打电话向张同学奶奶说了医生的诊断和治疗方案，她同意了，并让医生着手治疗。我向学校汇报了张同学的情况。张同学经过复位后，上了夹板，住进医院留观。傍晚，我为张同学打来晚饭。此时，他奶奶才赶到医院。我陪同张同学奶奶办理好住院手续，又分别嘱咐了她和医生一定要做好保险证据的收集，以便到时候办理学生险。回到学校之后，我每天都会打电话询问张同学的情况，得知张同学正在好转。三天之后，张同学出院，回家休养。一个月后，张同学返校上课。我和另外一位教师每天安排时间为张同学补课，并把医疗凭证交到保险公司办理保险赔付。后来，张同学奶奶还专程到校告诉我，这次她孩子受伤，是孩子自己不听话导致的，老师的处理让她很满意，保险赔付也很快，孩子也吸取了教训，以后应该不会再如此淘气了。"

以上案例可以看出，班主任作为班级安全管理的负责人，学生发生安全事故后，积极承担责任，协调当事学生及相关各方协同处理安全事件，承担风险协调者的角色。

四　舆论引导者

从案例呈现的编码信息来看，班主任在安全事件处置过程中发挥着积极的信息传递功能。在校园安全事件发生后，由于信息的不对称以及风险的不确定性，学生以及家长们往往会倾向于传播基于主观判断的信息，并由此形成内容杂糅、传播方向不定的风险信息流，一定程度上影响风险处置的策略及社会舆情的发展。校园安全事件的成功处置案例经验发现，班主任会及时地向学生以及家长公开事件起因、经过等信息，告知学校处置安全事件的进程，同时回应社会关切以及不良的舆论信息，形成良好的舆论氛围，消除错误信息对社会舆情的影响，有效缓解家长与社会的过度关注情绪。

某学校老师自述："刘同学是我校五年级的一名女生。其父在浙江打工的过程中，身体突然消瘦，时常剧烈咳嗽，伴有轻微咯血症状。回来经医院检查发现其已是肺结核中晚期。刘同学在暑假和其父亲待了一个多月，根本没有意识到自己很可能已经传染上了结核病。开学后，我在每日进行例行晨午检时，均未发现异常。9 月中旬，班级安全员将刘同学父亲患上结核病的消息告诉了我。我立即致电刘同学家中了解情况，得知刘某父亲患上结核病并且是中晚期的情况。同时，班级学生及家长们在知晓刘同学家庭的情况后，人心惶惶。他们都担心：刘同学因与其父长期待在一起被传染上结核病；刘同学又将结核病传染给了班级同学；进一步蔓延到全校的师生；情况真的如此发生，其后果将不堪设想！我将情况报告到了安稳办高主任处，高主任立即将情况报告给分管安全的陈主席和分管疾病防控的饶副校长，陈主席和饶副校长马上将情况报告给了周校长和吴书记。周校长和吴书记进行简单商量之后，决定立即启动学校传染病防控应急预案，做出以下安排。

（1）召开学校中层以上干部会，为了应对此次疫情危机，明确分工，校领导包级，中层管理人员包班。

（2）分管安全的陈主席和疾病防控办公室的姜主任，立即与该生家长联系，由学校承担一切费用，包车到 F 区结核病防控中心，对刘同学进行结核病 PPD 筛查。如果 PPD 筛查该生真的患上传染性结核病，则由周校长立即向 L 市镇教管中心和镇党委政府报告，由镇教管中心和镇党委政府决定是否向区教委和区政府报告；同时将该生隔离治疗，病愈经结核病防控中心出具书面证明，方可返校，证明将由学校疾病防控办公室存档。

（3）对刘同学所在班级的其他师生，请求当地医院疾病防控相关部门协助，进行排查筛选，如有疑似患者，立即送 F 区结核病防控中心确诊。

（4）对其他班级师生，由包级校领导统筹、包班中层管理人员和班主任具体实施，逐一排查、逐一筛选，发现疑似患者，立即报告安稳办和疾病防控办公室。这样就形成了由单个学生—班级师生—年级师生—全校师生的排查体系，做到横到边、纵到底而无一死角。

（5）"很多学生对传染性疾病一知半解、道听途说，认为只要是传染性疾病就都具有传染性，殊不知传染性疾病分为传染性和不传染性两种类型，同时传染性也是在一定的传播途径下才可传染。为了打消班级家长和学生的顾虑，包级校领导和包班中层管理人员和我一起，召开了以'如何有效预防结核病'为主题的班会和家长会，我向学生和家长开诚布公说明刘同学的情况，同时邀请镇卫生院的专业医师向他们说明了肺结核的病例和传播方式，告诫他们不要造成无畏的恐慌，不要听信谣言，更不要散播谣言。告诉同学们切不可向周围的学生传递非科学、没有依据的信息，因为这样有可能会引起更大的恐慌。通过大家的共同努力，再也没有任何学生表现出过度的恐慌，所有学生都全力配合学校的排查检查，未受到此事干扰，能够正常参与学校的教学和生活"。

F区结核病防控中心对刘同学进行结核病 PPD 筛查，很快得出结果："刘同学没有传染上结核病。在不同层次的筛查中，也未发现疑似患者，至此该次传染病事件得以圆满解决。"

由此可见，校园安全事件发生后，班主任会及时地向学生以及家长公开事件起因、经过等信息，告知学校处置安全事件的进程，同时回应社会关切以及不良的舆论消息，形成良好的舆论氛围，消除错误信息对社会舆情的影响，有效处置校园风险。

五　风险信息沟通者

风险沟通是指"利益相关方之间交换健康和/或环境信息"的行为，[1]这些信息包括健康和环境风险本身的因素以及控制和管理这些风险的决策。[2] 风险处置参与者之间的交流使他们能够评估他们的共同问题、采取必要的行动，以有效应对风险事故。[3] 通过有效的信息流，参与风险处置

① V. T. Covello, D. von Winterfeldt, P. Slovic, *Risk Communication: An Assessment of the Literature on Communicating Lnformation about Health, Safety, and Environmental risks*, Los Angeles, CA: Institute of Safety and Systems Management, University of Southern California, 1986, p. 172.

② K. Kim, H. Y. Yoon, K. Jung, "Resilience in Risk Communication Networks: Following the 2015 MERS Response in South Korea", *Journal of Contingencies and Crisis Management*, Vol. 3, 2017.

③ I. Prezelj, "Improving Inter-Organizational Cooperation in Counterterrorism: Based on a Quantitative SWOT Assessment", *Public Management Review*, Vol. 2, 2015.

的相关者能够更好地协调其应对工作。① 鉴于风险沟通的重要作用，为了更深入地了解班主任在风险信息沟通的行为等因素，文章发现小学班主任的风险沟通更频繁，因而将 47 个中小学案例中的 30 个小学案例单独拿出来进行更为聚焦的分析。

数据分析发现，班主任与当事学生、非当事学生、当事学生家长以及学校管理者四个主体间信息互动的编码参考点占总编码参考点的 95.8%，班主任与上述主体的信息沟通行为主要包括风险信息传递与风险信息获取（见表 4 - 3）。

表 4 - 3　　　　　　风险事件中班主任的信息沟通行为对象及类型

信息管理	信息传递	信息获取
	参考点数/案例数量	参考点数/案例数量
班主任—当事学生	11/7 个	23/16 个
班主任—当事学生家长	71/26 个	11/6 个
班主任—学校管理者	25/17 个	11/8 个
班主任—非当事学生	36/20 个	2/2 个

1. 班主任的风险信息沟通对象与类型

（1）班主任与当事学生间的信息获取偏好

班主任通过发现学生存在的问题以及向当事学生了解情况获得信息，通过与当事学生的沟通传递其期待有效处置风险的信息。在班主任与当事学生的信息互动中，班主任的信息获取行为频率明显高于信息传递行为，究其原因，只有充分了解安全风险的真实情况与原因，班主任才能正确地处置安全风险。此外，由于受小学生本身处置风险能力的限制，班主任更倾向于向当事学生获取信息，而不是信息传递。

（2）班主任与当事学生家长间的信息传递偏好

在校园风险事件处置中，班主任以向当事学生家长了解情况的方式获取信息，通过将当事学生的情况告知家长，在与家长的协调沟通中传

①　N. Kapucu, "Interagency Communication Networks during Emergencies Boundary Spanners in Multiagency Coordination", *The American Review of Public Administration*, Vol. 2, 2006.

递其解决风险事件的信息。在班主任与当事学生家长的信息互动中，班主任的信息行为明显地倾向于信息传递而非信息获取。究其原因，一方面，由于当事学生缺乏足够的风险处置能力以及判断能力，班主任在处理这些风险事故时必然需要更多地与学生家长进行沟通；另一方面，班主任在当事学生或者其他相关方已经获得了足够多的信息。因此，在与当事学生家长的信息互动中，班主任更倾向于向当事学生家长传递信息，以合理有效地解决校园风险事件。

（3）班主任与学校管理者间的信息传递偏好

学校作为在校学生风险管理的责任人，在校园风险事件的处置中承担责任、积极行动是职责所系。班主任在与学校的信息互动中，通过接受学校安全知识培训和掌握学校处理风险事件的要求、指示或建议而获得信息，通过将学生情况上报学校安保部门或者学校领导而传递信息。在这种信息互动中，班主任的信息行为频率更集中于信息传递。部分是因为，学校对学生的安全负有无可争议的责任，但学校对风险事件的处置往往授权于班主任，因此，班主任需要频繁地向学校保卫部门及学校管理部门传递关于学生安危的信息，让学校随时了解学生的真实情况。

（4）班主任与非当事学生的信息传递偏好

校园风险事件的影响或者处置，往往不限于当事人或负责人，与当事人紧密相关的通常是同班的非当事学生，同样会频繁地参与班主任解决风险事件的信息互动中。在校园风险事件发生时，班主任通过请求非当事学生不要围观、对非当事学生进行安全教育、向非当事学生传递正确的信息消除恐慌以及向非当事学生寻求帮助等行为传递信息，以求获得促使风险事件有效解决的积极因素。同样，班主任与非当事学生的信息互动强烈地倾向于信息传递，展现出班主任旨在解决风险事件的积极主动的姿态。

2. 班主任在风险信息沟通中的核心作用

风险信息沟通网络存在核心参与者，[1] 在风险处置中发挥最重要的作

---

[1]　K. Jung, M. Song, "Linking Emergency Management Networks to Disaster Resilience: Bonding and Bridging Strategy in Hierarchical or Horizontal Collaboration Networks", *Quality & Quantity*, Vol. 4, 2015.

用。[①] 根据上述讨论，我们得以构建出以班主任为核心的校园风险处置网络结构（见图 4-1）。在应对校园风险事件时，班主任与其他参与者建构起一个有效的风险沟通结构。研究发现，在风险事故处置过程中，主要参与者的信息交流往往以班主任为核心，进行双向信息沟通，很少有其他主要相关各方间直接进行信息交流，比如家长与学校间直接的信息互动。这表明，在一般情况下，校园风险事件处置的信息流动存在一个正式沟通渠道，即以班主任为核心架构的风险沟通结构，班主任在其中发挥核心作用，促进校园风险事件的有效处置。

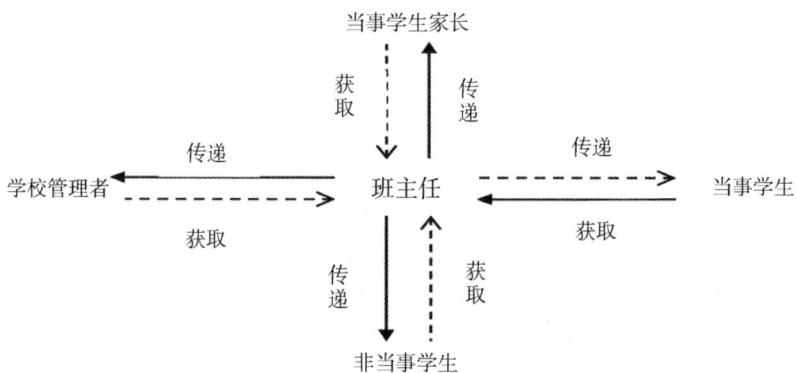

图 4-1　班主任在校园风险处置网络中的信息获取与信息传递
（实线箭头表示班主任进行风险信息沟通的主要方向）

校园风险事件发生后，校园应急响应系统中的主要参与者应能够获取描述问题的关键信息，[②] 对风险做出响应。因此，班主任首先主要从当事学生那里获取有关事故的大部分信息，但也从其他相关各方获取相关信息。通过所获得的信息，班主任凭借自身风险处置素质与岗位要求，将其期待有效解决风险的信息传递给各方，进而转化为一系列处置风险的实际行动。

---

① S. O. Choi, R. S. Brower, "When Practice Matters more than Government Plans a Network Analysis of Local Emergency Management", *Administration & Society*, Vol. 6, 2006.

② L. K. Comfort, K. Ko, A. Zagorecki, "Coordination in Rapidly Evolving Disaster Response Systems the Role of Information", *American Behavioral Scientist*, Vol. 3, 2004.

第四节　校园安全事件中班主任角色分配与应急处置行为

一　班主任角色在校园安全事件应急处置阶段的分配

一般而言，应急管理的全过程各阶段应该均衡分布。[1] 校园应急处置过程中，班主任角色在即时反应、中期应对、善后处理各阶段均发挥了重要作用。[2] 参照 Mutch 的研究，本节建构了班主任在校园应急处置不同阶段的角色与行为分析框架，观察班主任在应急处置过程中的行为类型，描述班主任的角色分配与应急处置行为的关系（如表4-4所示）。

表4-4　　　　班主任在应急处置不同阶段中的角色与行为

应急处置阶段	应急行为	角色	行为
即时反应	例行检查（7.52%）、发现问题（17.80%）、送至就医（15.30%）、了解情况（10.50%）、联系家长（14.16%）、上报学校（15.60%）、其他措施（19.12%）	风险监测者	信息沟通
中期应对	与家长沟通（33.85%）、正确引导舆论（12.30%）、落实学校应急要求（14.38%）、与医院沟通处理（1.58%）、沟通校医协作（2.63%）、跟进处理（9.46%）、与其他老师协作（6.07%）、与当事学生沟通交流（15.55%）、动员班级学生协作（4.17%）	紧急情况处置者；舆论引导者	应急协作
善后处理	加强安全教育（71.27%）排查安全隐患（28.73%）	风险协调者	信息评估

注：应急行为百分比的含义是指该行为占此阶段所有应急行为的百分比。
资料来源：作者自制。

1. 即时反应阶段重视信息沟通行为

案例编码显示，在校园应急处置的即时反应阶段，班主任主要承担

---

[1]　张海波：《应急管理的全过程均衡：一个新议题》，《中国行政管理》2020年第3期。

[2]　C. Mutch, "Quiet Heroes: Teachers and the Canterbury, New Zealand, Earthquakes", *Australasian Journal of Disaster and Trauma*, Vol. 2, 2015.

风险监测者的角色，主要进行了一系列的信息沟通行为，这些行为包括例行检查、发现问题、了解情况、联系学生家长以及上报学校等。

在这一阶段，班主任了解事件具体情况的行为达到 10.50%，将受伤学生送至就医的行为为 15.30%，选择上报学校的行为占比为 15.60%。这表明，校园安全事件发生后，作为紧急情况的主要负责人，无论是否在现场，班主任都要在第一时间将安全事件情况传递至学校管理部门以及学校领导，以寻求学校上级管理部门的支持与帮助。此外，班主任与家长的信息沟通行为达到 14.16%。这表明，班主任在安全事件发生的第一时间与学生家长取得联系，使其知晓或了解学生情况，有助于避免发生事后纠纷。此外，班主任还实施了"及时组织疏导，防止事态进一步扩大""对倒地学生实施急救措施"等其他应急行为，由于这些措施相对分散，无法聚类，将其归类为"其他措施"。

2. 中期应对阶段关注应急协作行为

校园安全事件应急处置的中期应对阶段是校园安全事件有效处置的关键环节。案例编码显示，这一阶段班主任承担两种角色：紧急情况处置者与舆论引导者。这两种角色汇聚起来，促使班主任解决"分身乏术"的问题，进行一系列应急协作行为就成为必然，相关应急协作行为包括：与家长沟通、正确引导舆论、落实学校应急要求、与医院沟通处理、沟通校医协作、跟进处理、与其他老师协作、与当事学生沟通交流、动员班级学生协作。

首先，当事学生家长开始介入事件处置流程，班主任花费大量精力与学生家长进行交流沟通，以期能合理有效地解决紧急情况。案例中班主任与家长沟通交流的行为占比高达 33.85%。其次，学校安全管理部门在获得校园安全事件的详细信息后，一般会提出相应的应急目标与处置要求，要求班主任正确及时地应对当时的紧急情况，而班主任对学校应急指示的准确执行会推动紧急情况的有效解决。因此，落实学校应急要求也是班主任的重要任务，这一行为的占比为 14.38%，处于较高水平。再次，由于校园安全事件中受到损害大多是中小学生，他们往往难以通过自身力量应对校园安全事件，需要班主任主动与其沟通交流，以求达到从风险源头解决问题。这一行为在案例中的比例达到 15.55%。中小学生应急心理素质较弱，班主任需要及时向班级学生公开事件信息以及提供心理疏导，以期正确引导舆论，消除班级学生的恐慌心理，防止事态的扩大造成不良影响。案例中正确引导舆论的行为占比为 12.30%。最后，在某些特殊的紧急情况下，班主任需要借助其他力量的参与处置安全事件。分析表明，班主任还通过动员其他教师或非当事学生获得帮助。虽然这两类行为的占比较少（分别为 6.07% 与 4.17%），但在某些校园安全事件的有效处置中发挥着重要作用。

3. 善后处理阶段强化信息评估行为

在校园风险处置过程中，中期应对阶段的各类治理策略的成功实施，并不意味着校园应急管理过程的结束，校园安全事件的善后处置仍是不可或缺的环节，包括校园安全事件遗留的环境安全隐患排除、学生身体心理的创伤消除等任务。善后处理阶段班主任主要承担风险协调者的角色，总结安全事件的经验教训，以防止或减少此类安全事件出现为目标，并以此强化班级的安全教育工作，这一行为占比高达 71.27%。同时，由某些外部环境引致的校园安全事件，需要班主任在事后进行安全隐患的排查工作，这类行为的占比达到 28.73%。

二　班主任应急处置行为与校园安全事件的关系

1. 校园安全事件的专业能力需求影响班主任应急处置行为

班主任不但需要在校园应急处置不同阶段承担多种角色，还需要根据校园安全事件类型分配其注意力。部分案例显示，由于卫生安全类校园安全事件对应急处置的专业性要求较高，班主任在处置此类事件的过程中，除了强化信息沟通渠道外，还经常需要向其他力量寻求帮助，包括其他老师、非当事学生特别是掌握专业技能的校医和校外医院等。相对而言，对专业技能水平要求不高的初步救治处理、教室消毒等工作，班主任往往会自己独立操作或与校医进行协作处理。当面对超出自身或校医技术水平的紧急救助要求时，班主任会首先选择校外专业医疗机构进行救助，并通过与医生进行沟通交流，以确保当事学生得到及时的救治。校园卫生安全类事件的这种专业属性使得"班主任在简单的紧急情况下只需校医进行沟通开展协作""在复杂的情况下需要与其他老师、班级学生以及校外医院沟通处理危机"等多种应急行为在同一类型事件中呈现。

某老师叙述："六年级一班的同学上完体育课回到教室,王同学没经过谭同学的同意,擅自拿了谭同学的水瓶喝水,谭同学非常生气,随手拿起讲台旁的凳子向王同学扔去,凳子的一角擦伤了王同学的左额部,瞬间血液不断涌出,班里的其他同学纷纷跑到办公室向我报告。我立即前往班里查看情况,同时将此事报告给安全分管副校长。到现场后,我用纸巾按压住伤口处,立刻带学生到校医务室,校医查看同学患处后,得出结论——需要去医院行清创缝合术,校医用无菌纱布压迫止血,保护创口不被污染,迅速转运学生前往医院行进一步治疗。"由此可见,班主任可以对处于风险中的学生进行初步处理,但更为专业的处理则需要寻求医院的救助,这种情况也影响着班主任注意力的分配。

2. 校园安全事件的规范化处置要求影响班主任应急处置行为

学校往往对班主任在安全事件中的行为与责任有规范化要求,并以此塑造了班主任特定的应急行为。首先,部分发生在校园外的社会安全事件往往会超过班主任的处理能力与权限,这类事件的后续处理通常由学校接管,而此时班主任的主要职责就是帮助梳理校园安全事件的各类信息,以协助学校解决此类事件。其次,在事故伤害类事件中班主任的"送至就医"行为占比达到 11.92%,远高于其他三种事故类型中的同类行为,班主任成为应急处置中的关键行动者,这恰恰回应了应急管理的规范化处置要求。同时,正是这种紧急送医行为一定程度上遏止了安全事件的恶性发展。最后,在校园暴力事件中,班主任落实学校应急要求的行为占比达 13.33%,远高于其他三种安全事故类型中的同类行为占比,其原因在于,中小学校对校园暴力的防范治理往往有一套完整行之有效的程序与制度,班主任可以根据上级要求,依据既有的规章制度处理好校园暴力事件(如表 4 - 5 所示)。

表 4 - 5　　　　　　　不同安全事件类型中应急行为的分布情况　　　　　(单位:%)

应急行为	卫生安全类	社会安全类	事故伤害类	校园暴力类
例行检查	4.37	1.69	1.04	0
发现问题	8.23	7.52	5.98	0
送至就医	3.71	8.63	11.92	0

续表

应急行为	卫生安全类	社会安全类	事故伤害类	校园暴力类
了解情况	0	17.38	6.60	11.76
联系家长	6.18	11.41	3.22	0
上报学校	4.69	6.94	8.95	8.24
其他措施	7.31	6.94	9.09	4.48
与家长沟通	16.08	12.91	20.30	18.79
正确引导舆论	8.07	4.15	3.98	0
落实学校应急要求	6.58	9.34	6.36	13.33
与医院沟通处理	1.36	0	0	0
沟通校医协作	2.26	0	0	0
跟进处理	5.78	0	5.40	0
与其他老师协作	5.21	0	0	0
与当事学生沟通交流	7.68	0	6.66	28.48
动员班级学生协作	3.19	0	0.9	0
加强安全教育	7.46	7.78	5.59	10.42
排查安全隐患	1.82	5.32	4.01	4.48
总计	100	100	100	100

注：百分比是指该行为占此类安全事件所有应急行为的百分比。

资料来源：作者自制。

某老师自述："我班张同学与戴同学在校玩耍时受伤，张同学的母亲张某一直认为张同学受伤没有治好，而让张同学长期住在 A 市儿科医院治疗，这期间张某一直到县教委、县市信访办、北京等单位上访，到学校无理取闹，扰乱学校秩序。后来，张同学受伤缘由被 Y 区人民法院判定为先天性问题，连同上访者张某被强制遣返回住地。被遣返的张某给我们学校安全带来较大的潜在威胁。得知张某回来的消息后（且张某精神已有些失常），我校第一时间召集教职工召开预防张某伤害学生的维稳大会。我校成立了特殊的安全领导小组，进行分工合作，确保学生、学校、老师的安全。郎某任组长，全面负责、协调部门间工作；黄某任副组长，对学生进行安全防范教育；秦某落实护学岗的工作；各班主任为成员，教育学生自我安全防范知识；熊某负责及时了解张某的动向、及时信息上报；陶某的职责是如遇张某闹事，做张某的思想工作；秦某负责善后工作。形成了严密的防范机制。我们这些老师作为安全的补充力量，被安排了特殊时期的护学岗任务，早上上学，下午放学，在学校外重要的路口路段护学，确保学生大安全。每天各班及时上报学生到校情况，缺勤的第一时间与家长联系，弄清缺勤原因，有怀疑的情况及时上报。我作为班主任，针对此特殊情况给学生讲目前的安全形势。教育大家多留意身边行为异常的人员，若遇见要小心提防；教育学生不背后议论此事，特别是不背后说坏话等。若遇见手拿凶器、语无伦次、精神恍惚的人员特别是张某，要远离。不与这类人发生辩论、争吵，更不可用语言和行为激怒他们。如遇伤害或伤害即将发生，要冷静、呼救、妥协等，把自己的安全放在第一位。学校安排专人每天尽量掌握张某的动向，及时上报给有关部门。同时多次派老师到张某家走动，多关心张同学的近况。尽量与张某及其家人沟通交流，了解张某的想法，了解他们家里正常的需要与诉求。化解她及其家人思想上的症结。"

可以看出，部分安全事件往往会超过班主任的处理能力与权限，这类事件的后续处理通常由学校接管，此时主要是学校负责安全事件的处置，而班主任开始转为次要角色，其主要职责就是帮助梳理校园安全事件的各类信息，充当维护安全的后备力量，以及协助学校解决安全风险事件。

3. 不同校园安全事件的注意力分配差异影响班主任应急处置行为

班主任的应急行为在不同校园安全事件类型中存在注意力分配差异，这也导致班主任在不同安全事件类型中发挥重要作用的应急管理阶段有所差异（如表 4-6 所示）。具体而言，在卫生安全类事件与校园暴力类事件中，班主任的应急行为主要集中于应急处置的中期应对阶段，占比分别为 56.27% 与 60.61%。值得注意的是，在社会安全类事件中，班主任的应急行为主要表现在即时反应阶段，其占比高达 60.51%，与卫生安全类事件和校园暴力类事件形成了明显差异。此外，在事故伤害类事件中，班主任的应急行为均衡分配于即时反应与中期应对两个阶段，分别占比 47.45% 与 42.81%。一个值得关注的现象是，作为校园应急管理流程不可或缺的善后环节，上述四种类型的校园安全事件的社会关注度普遍较低，这反映出目前中小学校园应急管理容易忽视善后阶段的作用，未来对善后阶段的探讨或许将成为校园应急管理的重要理论增长点。

表4-6　　　　　　　**不同类型校园安全事件中班主任**

在不同应急处置阶段的应急行为分布情况　　　（单位:%）

应急处置阶段	卫生安全类	社会安全类	事故伤害类	校园暴力类
即时反应	34.26	60.51	47.45	24.48
中期应对	56.27	26.39	42.81	60.61
善后处理	9.47	13.10	9.74	14.91
总　　计	100	100	100	100

注:百分数是指在此类安全事故中,该应急阶段的所有应急行为占此类安全事件所有应急行为的百分比。

资料来源:作者自制。

第五节　校园安全事件应急处置中班级管理的优化建议

一　校园安全事件应急处置中班主任角色与行为的归纳

根据我们对班主任在校园安全事件应急处置中的角色分配与行为分析,我们认为班主任在校园安全事件的应急处置中扮演着风险监测者、紧急情况处置者、舆论引导者、风险协调者、风险信息沟通者五种角色,承担风险信息识别与处理、紧急救治、风险沟通、消除舆论影响等功能。

班主任在校园安全事件应急处置的不同阶段承担的角色不同,执行的应急处置行为也不同。在即时反应阶段,班主任承担风险监测者的角色,主要进行信息沟通。在中期应对阶段,班主任分饰两角,作为紧急情况处置者与舆论引导者执行应急协作行为。在善后处置阶段,班主任承担风险协调者的角色,主要进行风险信息评估行为。在校园安全应急处置的全过程中,班主任都承担了风险信息沟通者的角色。

校园应急管理行动者之间的有效协作与交流是应对危机事件的必要

条件，① 应急全过程的多元参与可以营造多方共治的校园应急管理氛围。②
较多案例呈现出班主任高频执行"上报学校""与家长沟通""落实学校
应急要求""加强安全教育"等应急行为，这些行为是校园应急管理相关
者之间有效沟通协作的具体表现。因此，风险信息沟通行为贯穿案例中
的校园安全事件处置的三个阶段，进而形成以班主任为关键核心节点的
应急处置信息网络。

班主任是校园风险事件的信息传递的关键节点。各种信息汇集到班
主任，再由班主任根据角色互动频率进行风险信息分发。显然，班主任
保持信息的顺畅是校园风险事件处置成功与否的关键。与之相应，如果
班主任无法进行及时、准确的风险信息传递与信息沟通，校园风险事件
处置网络将无法运行。

校园安全事件的特征属性影响班主任应急处置行为。具体而言，校
园安全事件的专业能力需求、规范化要求以及注意力分配差异影响班主
任应急处置行为。面对不同类型事件实施差异性的应急行为，是各类校
园安全事件得以妥善处理的理性选择。值得注意的是，与 Mutch 的相关研
究中所描述的"教师需要对学生进行关心和支持"等行为不同，我国中
小学班主任在即时反应阶段的应急处置行为更为复杂多样，善后处理阶
段班主任额外承担安全教育与排查安全隐患的工作要求。显然，上述行
为比国外中小学教师承担的管理责任更为繁重。

二　基于校园应急处置中班主任角色行为的班级管理优化建议

未来，校园应急管理可以从以下层面进一步发挥班主任的重要作用，
以优化校园安全事件应急处置中的班级管理。

1. 明晰班主任在校园应急处置中的角色与职责

《学生伤害事故处理办法》规定了学校、班主任以及其他教职工在校
园安全管理中的责任和义务。此外，《教育系统突发公共事件应急预案》
对班主任在各种紧急情况发生时职责和要求也做了详细规定。从分析结
果来看，班主任是重要的一线应急处置行动者，角色多样，事繁责重，

---

① 胡倩：《应急管理组织间网络研究的新进展》，《公共管理与政策评论》2020 年第 1 期。
② 申霞：《我国应急管理的四大转变》，《人民论坛》2020 年第 4 期。

在具体执行应急处置任务时，可能存在角色混淆、职责不清的问题。因此，明晰班主任在校园应急处置中的角色与职责，匹配基层应急行动者的管理幅度，建立明确的权责体系，合理划分班主任与学校管理部门的责任分配；建构良好的基层应急决策参与氛围，推动班主任深度参与校园安全应急管理计划制订与实施过程全过程，提升班主任对校园应急管理计划的遵守水平以及执行能力，降低校园安全事故的发生率，帮助学生在危机期间重获稳定与安全感。[1]

2. 建构集成高效的校园应急处置系统

中小学校园安全事件复杂多样，涉及不同专业领域、不同层级或部门的行动者，行动者之间良好的协作关系是有效处置各类校园安全事件的必要条件。因此，需要建构集成高效的校园应急处置系统。首先，要重视关键行动者的应急处置作用。班主任的应急管理职能复杂多样，在应急处置不同阶段间进行多重角色转换，容易形成注意力竞争，增加班主任的工作载荷，影响其应急处置注意力的分配效率，通过合理的激励措施与绩效管理办法，激发班主任参与校园应急管理的积极性、能动性，有效发挥班主任的风险信息处理的关键节点作用。[2] 其次，要协调整合各方力量共同应对校园安全事件，合理分配系统中其他行动者的应急处置责任，平衡应急处置资源。最后，优化校园安全事件分类处置规范化操作流程。通过对不同校园安全事件建立类型化处置规范，优化应急处置流程，提升应急处置效率。

3. 提升班主任参与校园应急处置的专业能力

首先，要充分考量班主任时间支配的有限性，小规模、多频次地开展校园应急处置演练；开展系统化的应急处置专业培训，通过典型案例剖析、应急情景模拟等方式，对不同行动者进行多轮次的专业能力培训；适应数字治理发展需求，增加应急数字技术应用，以"线上线下融合"的方式，创新校园应急处置的案例宣导、经验展示、方法训练，提升班

---

① E. S. Rolfsnes, T. Idsoe, "School – Based Intervention Programs for PTSD Symptoms: A Review and Meta – Analysis", *Journal of Traumatic Stress*, Vol. 2, 2011.

② 张桂蓉：《后真相时代校园危机管理如何实现"抽薪止沸"?》,《南京社会科学》2020年第 7 期。

主任参与校园应急处置的专业能力。其次，重视班主任舆情处置能力培养。小学生是社会最关心的群体，有关小学生的舆情信息处理不当会造成恶劣的社会影响，这就要求班主任必须拥有较好的舆情处理能力，必须强化班主任的沟通交流能力。最后，加大班主任的风险沟通能力培养。班主任处于学生、家长与学校管理者三者沟通交流的核心位置，在校园风险事件中起着重要的协调作用。因此，教育主管部门或者学校应该积极组织相关培训，增强班主任沟通交流的能力，助力安全校园建设。

4. 疏导班主任的心理压力

班主任在校园风险管理全过程发挥着诸多重要功能，还承担着班级管理以及班级教学任务。在制度规范与社会期待的双重约束下，班主任面临着诸多压力，甚至产生严重的心理问题，显然一定程度上会降低班主任的教学与风险管理成效。因此，必须重视班主任的合理赋能授权问题，这将有助于形成责任与权利的良好平衡，促进班主任的心理积极性，推动相关功能的有效发挥，是校园风险得以妥善解决的关键因素。一方面，向班主任合理授权。班主任在校园风险管理中获得一部分自由裁量权，同时开设校园应急处置常识课程，培训学生基本急救知识、鼓励学生参与风险监测，这既能减轻班主任的班级管理任务，还可以使班级风险管理更加有效与顺畅。另一方面，坚持以人为本，关注班主任的精神需求，建立合理的风险管理心理疏导与沟通机制，帮助班主任释放因风险管理与教学管理导致的心理压力与失衡。

5. 持续增加制度资源的输入

培养班主任校园风险沟通能力，需要持续增加制度资源的投入。制度资源的输入主要包括政策支持与财政投入。明确的政策支持可以进一步确立班主任在校园风险管理中的关键节点，激励班主任更好地参与校园风险管理。政策支持主要包括班主任参与校园风险管理的职责权限、定期培训、绩效奖励、职级晋升等的明确规定。在合理的政策支持下，推动财政投入可持续投入，建立系统化的可持续投入机制，为班主任在校园风险沟通中提供相应保障。

第五章

校园欺凌事件中教师的作用

　　平安是时代发展的新主题之一，建设更高水平的平安中国是我国重要的战略布局。作为维护社会稳定的重要场所，校园的安全工作一直以来备受关注，而校园欺凌则是其中需要重点解决的问题，正确认知在防控校园欺凌工作中教师发挥的关键作用，对于以促进平安校园为重要目标的校园欺凌管理具有时代紧迫性和巨大社会意义。本章立足人民网和光明网等权威媒体以及各级各地政府网站的相关报道，结合文本分析和典型案例分析，对 2021 年校园欺凌事件的特征、校园欺凌事件中教师作用过程的影响因素和校园欺凌的防治策略进行了分析，以期为校园安全管理的进一步发展提供相关参考和建议。

第一节　校园欺凌事件概述

　　校园欺凌是学生通过身体、语言、网络等手段，故意或恶意地在校园内外对他人造成身体伤害、经济损失或心理伤害的欺凌和攻击行为。校园欺凌问题在我国十分严峻，校园欺凌行为的发生频率很高，由于校园欺凌的发生规模和严重程度，2016 年至今，国家相关部门出台了系列方案和意见，为打击校园欺凌行为提供指导，尽管校园欺凌行为在一定程度上得到了遏制，但校园欺凌仍然是校园安全工作中的一个重点问题。

一　校园欺凌事件的基本特征

　　总体来看，校园欺凌事件具有以下基本特征。

　　一是蓄意伤害性。校园欺凌事件发生时，欺凌者往往怀有在同伴群体中树立地位、观望其他人被欺负时的窘迫滑稽等目的，通过言语攻击或身体欺凌的方式故意地或恶意地欺负其他同学，导致受欺凌者的心理与身体受到伤害。在中小学校园，一部分欺凌者由于认知发展水平有限，在欺凌他人时自己可能都没有意识到这属于欺凌行为，而仅仅是觉得好玩、有趣。受欺凌者在此过程中是脆弱的，他们往往无法保护自己。同时，由于学生活动多为集体活动，这容易造成聚集现象，加之学生群体相互之间的接触较为频繁紧密，校园欺凌事件的影响会在校园内迅速扩散，进而扩散到外部社会环境。因此，校园欺凌事件还具有波及范围广、危害蔓延速度快等特点。

二是力量不平衡性。欺凌者在身体力量上占据主导地位，其他学生则容易受到欺凌，因为他们身体虚弱，在遭受欺凌后无法有效反击。此外，欺凌者通常具有地位或人际关系等方面上的优势，被欺凌的学生受到欺凌时孤立无援，缺乏保护自己的资源和力量，即欺凌是相对强势的一方攻击相对弱势的一方，通常表现为恃强凌弱和以众暴寡。

三是重复发生性。欺凌者通常具有高度的盲目自尊、自信、强烈冲动和对一般外界刺激的过激反应；而受欺凌者内向自卑的性格和不稳定的情绪，限制着他们对世界的认知与态度、和同伴沟通的行为方式以及解决问题的策略。因此，在一段时间内，被欺凌者经常遭受到一个或多个其他人的反复攻击。然而我国对欺凌事件的相关研究发现，重复发生性仅反映在某些欺凌事件中，这可能并不构成欺凌的必备特征。

四是复杂性。校园欺凌事件的发生、演化及应对涉及诸多领域，具有复杂性的特点。这种复杂性不仅体现在校园欺凌事件发生的全部生命周期（包含事件发生前的诱因、事件发生时的扩散、事件发生后的处理等），也体现在校园欺凌事件涉及主体的多样性、复杂性。校园欺凌的负面效应不局限于欺凌事件中牵涉的学生个体，而且也影响到校园、家庭，乃至于更广泛的社会环境中。

校园欺凌事件通常以身体欺凌、言语欺凌、网络欺凌和性欺凌等来反映和体现，因此我们将从校园欺凌事件类型视角，对2021年校园欺凌事件的特征做进一步的具体分析。

1. 校园身体欺凌事件的特征

身体欺凌是指欺凌者对其他人实施的身体行为，包括拳打脚踢、推搡、掠夺和造成财产损失等。肢体欺凌不一定会造成明显的身体伤害，因而是否构成一种形式的身体欺凌，不能以它是否会导致出血受伤或达到法律意义上的轻微伤害来衡量。身体欺凌在多数情况下伴随着力量相差悬殊的双方，往往造成极大伤害，因而受到更多的公众关注。在治疗身体损伤之外，也应重视心理疏导，以防止欺凌事件中的受害者采取极端或严重的消极措施来保护自己不受欺凌，或将所受欺凌行为转向施加到更弱小的群体上。

2. 校园言语欺凌事件的特征

言语欺凌是指欺凌者以言语形式直接骚扰被欺凌者。他们中的大多数人通过羞辱、诋毁和嘲笑的方式来攻击受害者的外表、家庭背景和课业成绩等。对欺凌者来说，言语欺凌的实施既迅速又于己无害，但它却可能击垮一个孩子的精神。中国人民大学中国调查与数据统计中心（NSRC）的统计数据显示，49%的初中生遭受言语欺凌，言语欺凌行为在各个学段都非常常见，也是最频繁发生的欺凌行为之一。

3. 校园网络欺凌事件的特征

网络欺凌是指具有相对优势的个人或群体在网络环境中利用现代网络传播手段或媒体，在网络上发布或传播可能侮辱他人的图片、视频或虚假谣言等，故意实施的一系列侵害行为。在信息和网络十分发达的现代社会，这种形式的欺凌日益增长。近年来因网络暴力致死致伤的事件颇多，网络欺凌事件蔓延的普遍性、形式的独特性和隐性的伤害性需引起关注。

4. 校园性欺凌事件的特征

性欺凌主要包括用具有挑逗性或色情的信息评论冒犯他人，侵犯或偷看他人隐私部位，施加压力或威胁他人参与非自愿的亲密行为或接触等。性欺凌事件通常因受欺凌者自尊心较弱，对外界刺激过于敏感，而耻于揭露事件真相，导致欺凌者易反复实施欺凌行为，给受欺凌者带来长久的生理与心理伤害。

二 校园欺凌事件的统计分析

2017 年统计的校园欺凌事件为 50 起,2018 年为 49 起,2019 年为 40 起,2020 年为 28 起,2021 年为 27 起,可见校园欺凌事件的数量逐年减少。据《中国应急教育与校园安全发展报告》中基于权威媒体报道的不完全统计,2016—2020 年,我国校园欺凌事件在校园安全事件中占比分别为 11.00%、24.75%、35.00%、14.65%、30.43%。[①] 华中师范大学教育治理现代化课题组于 2019—2020 年在六省开展调研,调查数据显示校园欺凌的发生率为 32.40%;据中国检方公开的校园暴力和校园欺凌起诉案件数量统计,2021 年相比于 2018 年同期下降了 74.70%。近年来,校园欺凌的发生率总体上有所下降,但发生频率仍然偏高。这充分说明了校园欺凌问题的严重性,校园安全管理问题亟须解决。

通过对政府网站、官方媒体报道的搜索整理,我们梳理出 2021 年发生的 11 起典型校园欺凌事件(见表 5 - 1),并将其按照事件发生时间和事件类型进行归纳和分析,期望从校园欺凌事件中剖析出校园安全管理的问题,为改善校园安全管理提供依据和建议。

表 5 - 1   2021 年典型校园欺凌事件列表

类型	事件简述	发生时间	发生学段	资料来源
身体欺凌事件	安徽某中学,一女孩被多人围堵在厕所掌掴几十次后晕厥	2021 年 1 月 22 日	中学	新华网(http://www.xinhuanet.com/politics/2021 - 01/31/c_1127046451.htm)
	河南某中学一男生被多人围住,其间施暴者多次扇其耳光、脚踹,并反复要求被打男孩下跪道歉	2021 年 4 月 17 日	中学	央广网(https://www.takefoto.cn/viewnews - 2466747.html)

① 张桂蓉、顾妮:《中国中小学生校园欺凌相关因素的 meta 分析》,《中国心理卫生杂志》2022 年第 1 期。

类型	事件简述	发生时间	发生学段	资料来源
身体欺凌事件	安徽两学生因曾在 QQ 上发生争执,在餐厅偶遇后约架,于附近公共厕所内斗殴	2021 年 8 月 16 日	中学	光明网(https：//legal. gmw. cn/2021 -08/16/content_35082998. htm)
	云南两学生将一学生邀约到另一学生家中后进行结伙殴打	2021 年 9 月 8 日	中学	光明网(https：//m. gmw. cn/2021 - 09/08/content _ 1302561313. htm? source = sohu? source = sohu）
	河北某职业中学一名男生在宿舍内被多名同龄人围住,被用脚、棍棒等进行殴打	2021 年 11 月 15 日	中学	央视网(https：//baijiahao. baidu. com/s? id = 1716752805455026435& wfr = spider&for = pc）
	福建某大学一名男学生在校内将一名女学生刺伤	2021 年 12 月 16 日	高校	人民日报(https：//weibo. com/2803301701/L6lYvo3w1? refer_flag = 1001030103_）
	大连某大学一名男生掌掴一名女生	2021 年 12 月 21 日	高校	人民网(https：//weibo. com/2286908003/L7f9B6mN0? refer_flag = 1001030103_）
言语欺凌事件	浙江一 15 岁中考生在校时曾多次欺凌、恐吓室友,并篡改其志愿	2021 年 8 月 25 日	中学	人民日报(https：//weibo. com/2713131601/Kv3SpDq7M? refer_flag = 1001030103_）
网络欺凌事件	湖南一学生教唆别人掌掴三名学生,并录制了现场视频,为炫耀将视频传至同学群	2021 年 4 月 8 日	中学	光明网(https：//m. gmw. cn/2021 - 04/08/content _ 1302219103. htm)

类型	事件简述	发生时间	发生学段	资料来源
网络欺凌事件	浙江某中学一女生被打的视频在网上迅速传播，视频中欺凌者不停辱骂，清晰可见被欺凌者的面容，画面未经过任何处理	2021 年 4 月 29 日	中学	央广网（http://www.cnr.cn/zjfw/mlnb/ztgz/20210429/t202104-29_525475163.shtml）
性欺凌事件	北京某学校 16 岁男生入学后，遭到 8 位同学的多次言语侮辱以及肢体上的侵犯行为	2021 年 3 月 16 日	中学	光明网（https://guancha.gmw.cn/2021-03/16/content_34691736.htm）

第二节 校园欺凌事件中教师的作用过程

校园欺凌事件具有故意伤害性、力量不平等性、重复发生性和复杂性等特点，使得对其的校园安全管理尤为重要。完善校园欺凌事件的管理工作是解决现有问题、提升校园安全水平的有效手段之一，也是促进学生幸福成长和健康发展的重要途径之一。近年来，教师在校园欺凌事件中的作用发挥，促使我国校园安全管理取得了一系列的进展和成效。

一　教师如何认定校园欺凌事件

中小学生欺凌是发生在校园（包括中小学校和中等职业学校）内外、学生之间，一方（个体或群体）单次或多次、蓄意或恶意通过肢体、语言及网络等手段实施欺负、侮辱，造成另一方（个体或群体）身体伤害、财产损失或精神损害等的事件。[①] 这并不是说只有反复多次的呈现才算是

① 《教育部等十一部门关于印发〈加强中小学生欺凌综合治理方案〉的通知》（http://www.moe.gov.cn/srcsite/A11/moe_1789/201712/t20171226_322701.html，2017 年 11 月 23 日）。

欺凌，有时候一次出现的攻击性行为就足以构成欺凌。但是，教师如何区别学生之间的"打闹"和"欺凌"呢？我们根据校园欺凌的构成要素，提出校园欺凌事件的认定条件。

1. 要在事件中判断是否发生了欺凌

判断是否构成欺凌，需要把欺凌当作一个事件，而不仅仅是一个行为。如果教师仅仅依据行为判断是否构成欺凌，会出现两种情况：第一种，教师很容易把学生之间的常见冲突定义为欺凌，把欺凌标签化，反而损害学生之间的友谊。比如学生 A 与学生 B 经常因为玩游戏意见不合发生冲突，虽然学生 A 动手打了学生 B，且学生 B 比学生 A 弱小，但是，很有可能，十五分钟后，学生 A 又跟学生 B 和好，重新一起玩游戏。如果单从 A 的暴力行为判断其是否构成欺凌，可能得出不恰当的结论。第二种情况，如果是事件，教师就应该从事件的起因、经过和结果对学生之间的冲突是否构成欺凌进行判断。学生 A 因为学生 B 的挑衅行为，类似起侮辱性的"绰号"等，殴打了学生 B，就不合适认定学生 A 欺负了学生 B。

2. 要把是否存在主观恶意作为判断的标准

欺凌是以伤害为目的的行动，并以引起或目睹他人的痛苦为乐。从起因上说，校园欺凌中的受害者并未激惹加害者，无缘无故受到攻击；加害学生有主观恶意，蓄意攻击自己的同学。当然，如果受害者激惹加害者，加害者反击行为存在主观恶意，同样构成欺凌。而且，欺凌者和被欺凌者都清楚欺凌会或很有可能会再次发生。这意味着欺凌将不是一次性事件。一般情况下，如果在学生之间发生的冲突中一方对另一方存在恶意，这类冲突不会只发生一次。这与前述关于一次暴力行为就可能构成欺凌的判断并不矛盾。比如，几位学生为了发泄情绪对校园中偶遇的学生实施长达两个小时的虐待，这个事件中学生的行为就构成欺凌。判断的标准涉及暴力行为的性质、施暴者与受害者力量不对等情况。

3. 要把学生是否无力自保作为判断标准

欺凌者比被欺凌者拥有更多的力量或影响力。一群孩子团结在一起也可以创造这种力量。加害者有主观恶意并且实施了受害者无法招架的攻击，受害者并未激惹加害者并且因无力自保而备感精神痛苦。① 从过程上说，校园欺凌受害者对加害者的攻击行为无法招架，无力自保。如果欺凌持续升级，被欺凌学生会感到恐惧。欺凌是一种惯于用恐吓来维持主导地位的系统暴力。将恐惧深深植入被欺凌孩子的内心，不仅仅是达到欺凌目的和手段，而是其本身即为欺凌的最终目的。从结果上说，校园欺凌的受害学生因伤害感到精神痛苦，甚至陷入自我贬低和自我否定的苦闷之中。

一般来说，根据上述分析，针对一起情况简明、边界清晰的校园伤害事件，就足以做出精准的欺凌判断。

二 教师校园欺凌事件的教育方式

校园欺凌事件发生时，学生最先接触的成年人就是教师，如果教师及时破解欺凌情境，能够防止欺凌事件的进一步扩散与恶化，增加校园欺凌事件中的旁观者保护受害者和抵制学校欺凌的机会。世界卫生组织对校园欺凌干预行为的类型进行了较为全面的总结，根据干预行为发生的阶段和影响的范围将校园欺凌干预行为分为三种类型。

1. 普遍预防行为

教师预防型干预行为是一种积极干预行为，主要包括教育行为和关注行为两种类型。这种干预措施面向全校所有学生，包括制定学校反欺凌政策，面向教师、家长和学生开展校园欺凌主题培训等，以降低学生卷入欺凌的风险，提升其应对技能。

2. 选择预防行为

选择预防行为主要指对具有卷入欺凌风险的学生实施行为管理。严惩欺凌学生的行为，鼓励学生反思、学习和规范自己的行为。对于学生的欺凌行为，学校和老师应及时跟踪，进行深入调查，并告知双方家长一同前往学校处理欺凌事件。

---

① 黄向阳：《学生中的欺凌与疑似欺凌——校园欺凌的判断标准》，《全球教育展望》2020年第 9 期。

3. 直接干预行为

直接干预行为是指教师结合欺凌者和受欺凌者的实际情况，专门设计冲突调解方案并予以实施。直接干预行为需根据欺凌者或者受欺凌者的具体情况而定，主要运用于个案处理。

三　教师校园欺凌事件的处置流程

学校是治理校园欺凌的基本单位。[①] 教师在校园欺凌事件管理中发挥着主导作用，负责具体预防和控制学生的欺凌行为，在学生欺凌事件发生时及时妥善地进行处理，尽可能降低后续伤害。明确教师面对校园欺凌事件的处置流程，在此基础上建立长效、稳定和有约束力的学生欺凌防治工作机制，对防范和打击学生欺凌行为具有重要意义。

1. 约谈欺凌者

发现班级内发生欺凌行为时，教师应立即控制欺凌事件的发展态势，及时与欺凌者谈话。首先对实施欺凌行为的主要人员进行谈话，其次与欺凌者相关的闹事者谈话，每人谈话时长 10—20 分钟。在谈话过程中，要减少对于责备或惩罚的描述，而更多聚焦于欺凌对受害者负面影响的严重性，引导欺凌者正确认知欺凌事件的危害。

2. 与受欺凌者沟通

教师要鼓励受害者谈论关于欺凌的事情，掌握欺凌事件的起因和发展经过。与受欺凌者建立起信赖关系，使校园欺凌受害者在遭受欺凌时可以很好地表达出来，及时向老师求助。教师必须根据谈话结果来确定受害者是被动的还是挑衅的，并根据欺凌的类型找到恰当的解决方案。针对被动型受害者，教师应表示会全力支持他，并积极开展下一步行动；针对挑衅型受害者，教师要对他们如何改进自己的行为提出建议。同时注意，不要表现出学生因此遭受欺凌情有可原，若有挑衅行为，可以提出他们的挑衅行为是欺凌的促成因素。

---

① 张桂蓉、李婉灵：《校园为何成为孩子们成长的"灰色地带"？——基于 3777 名学生的校园欺凌现状调查与原因分析》，《风险灾害危机研究》2017 年第 3 期。

3. 与个人再次会面

教师与学生们再次会面，了解事态进展。一般来说，学生在后续的学习生活中并未按照第一次会面所做约定行事，但也通常不会打扰受害者。如果欺凌行为得不到改善，教师将不得不审查之前的程序，以确保学生有动力履行承诺，并按照他们先前同意的方式行事。与参与欺凌事件的个人或团体在此次会面后的一周再次会面，以审查进展情况。

4. 与所有事件在场者会面

当欺凌群体的行为发生显著变化时，教师应当再次组织会面，以巩固已改变的行为。在此次会面中，教师应当讨论正遭遇欺凌的人，并对欺凌团伙做出正面的评价。若受害者对此有相关的正面陈述，此时教师要求做出这些陈述的学生再次叙述承诺，这对加强欺凌者的积极行为至关重要。受害者感到安全时，他们应该被邀请参加会议。椅子排成一个圈，这样受欺凌的学生可以参与进来，且最好坐在老师旁边。最后，教师要询问大家如何能使改善后的新的欺凌动态变成一个长期的状态，并说明欺凌情况已经变得完全不同，获得欺凌团伙的想法和承诺，以及受害者的建议。

5. 与学生家长沟通

教师与欺凌行为实施者和受害者的家长取得联系，分别将校园欺凌受害者和施害者在学校的具体情况如实反映给家长，联合双方家长的力量，力求及时尽快处理校园欺凌，并将校园欺凌对施害者和受害者的伤害和影响降到最低。及时与家长密切合作的长效机制，可以实时沟通学生在校和在家的思想行为动态，及时把握学生的校园欺凌行为的态势，实时关注并持续预防，可以有效减少和遏制校园欺凌事件的发生率。

6. 填写校园欺凌事件处置档案

教师在完成校园欺凌事件处置后需填写《校园欺凌事件记录表》（表5-2），该表由中南大学张桂蓉教授根据欺凌事件的基本构成要素设计，其作用表现为以下几个方面：（1）作为校园欺凌事件的档案材料，方便其他教师参考学习；（2）基本掌握本校欺凌事件的特点，包括欺凌多发区域、反欺凌氛围、欺凌多发类型、欺凌者的基本特征、欺凌者家庭情况、被欺凌者伤害情况等；（3）不断修正和改进欺凌处置措施，项目实施教师通过对比自己和他人处置欺凌事件的过程、效果，可以不断优化校园欺凌处置措施。

　　该表格填写完成后要提交到学校反欺凌委员会，或者主管校领导办公室，由相关人员建档留存，以便建立校园欺凌事件案例库，为其他老师在处理类似校园欺凌事件时提供参考。

表 5 - 2　　　　　　　　　　校园欺凌事件记录表

记录人		
基本信息	时间	
	地点	
	欺凌者	
	受欺凌者	
	旁观者	
	事件经过	
发现途径	□旁观者报告；□受欺凌者报告；□老师（□任课教师、□班主任、□安保人员、□生活老师、□行政人员等）发现；□家长报告（□欺凌者家长、□受欺凌者家长、□旁观者家长）；□其他	
欺凌行为类型	□殴打、脚踢、掌掴、抓咬、推撞、拉扯等侵犯他人身体或者恐吓威胁他人； □以辱骂、讥讽、嘲弄、挖苦、起侮辱性绰号等方式侵犯他人人格尊严； □恶意排斥、孤立他人，影响他人参加学校活动或者社会交往； □通过网络或者其他信息传播方式捏造事实诽谤他人、散布谣言或者错误信息诋毁他人、恶意传播他人隐私； □抢夺、强拿硬要或者故意毁坏他人财物； □以身体、性别、性取向、性嘲讽或不友善的评论行为，采取与性有关的方式对他人进行身体上的侵犯； □其他 _____ _____	

续表

欺凌者的特征[①]	性别	□男　　□女
	年级	＿＿＿＿年级
	学习成绩	□差；□中等偏下；□中等；□中等偏上；□优良
	家庭类型	□原生家庭；□单亲家庭；□重组家庭
	是否留守	□父母双方均外出；□父亲外出；□母亲外出；□父母均未外出
	父亲学历	□小学及以下；□初中；□高中或中专；□大专及以上
	母亲学历	□小学及以下；□初中；□高中或中专；□大专及以上
	家庭月收入[②]	□5000 元及以下；□5000—10000 元；□10001—20000 元；□20001—30000 元；□30001 元及以上
受欺凌者的特征	性别	□男　　□女
	年级	＿＿＿＿年级
	学习成绩	□差；□中等偏下；□中等；□中等偏上；□优良
	家庭类型	□原生家庭；□单亲家庭；□重组家庭
	是否留守	□父母双方均外出；□父亲外出；□母亲外出；□父母均未外出
	父亲学历	□小学及以下；□初中；□高中或中专；□大专及以上
	母亲学历	□小学及以下；□初中；□高中或中专；□大专及以上
	家庭月收入[③]	□5000 元及以下；□5000—10000 元；□10001—20000 元；□20001—30000 元；□30001 元及以上；
欺凌行为结果	身体伤害	□仅送医检查（未达到下述伤害等级）；□轻微伤；□轻伤二级；□轻伤一级；□重伤二级；□重伤一级[④]；□死亡

① D. S. W. Wong, C. H. K. Cheng, R. M. H. Ngan, et al. , "Program Effectiveness of a Restorative Whole – School Approach for Tackling School Bullying in Hong Kong", *International Journal of Offender Therapy and Comparative Criminology*, Vol. 6, 2011；王宏伟、岳秀峰、潘松、王智勇、赵虹、安庆玉、徐品良：《青少年校园暴力与学习成绩关系分析》，《中国学校卫生》2013 年第 10 期；林董怡：《初中生遭受校园欺凌影响因素及对策研究》，硕士学位论文，浙江大学，2018 年。

② 胡荣、沈珊：《家庭资本与初中校园欺凌的关系问题》，《求索》2018 年第 5 期。

③ 胡荣、沈珊：《家庭资本与初中校园欺凌的关系问题》，《求索》2018 年第 5 期。

④ 《最高人民法院、最高人民检察院、公安部、国家安全部、司法部关于发布〈人体损伤程度鉴定标准〉的公告》（http：//www. moj. gov. cn/pub/sfbgw/zwxxgk/fdzdgknr/fdzdgknrtzwj/201908/P020210316700886264782. pdf，2013 年 8 月 30 日）。

欺凌行为结果	心理伤害*	□轻度精神创伤（3 个月以内的情绪低落，郁郁寡欢）；□中度精神创伤（长时间的情绪低落、孤独自闭，或严重的睡眠障碍、焦虑紧张、恐惧胆小，甚至出现自杀倾向）；□创伤后应激障碍；□抑郁症（□轻度；□中度；□重度）；□其他
欺凌处置方式	简要描述过程	

注：＊为身体伤害和心理伤害均需要医生诊断。如果教师判断为一般性质的欺凌行为，身体伤害情况请勾选"仅送医检查"；心理伤害情况请勾选"其他"。

第三节　校园欺凌事件中教师预防型干预行为的影响机制[①]

一　研究假设与模型构建

发生校园欺凌时，教师往往是学生最先接触的成年人，如果教师及时打破校园欺凌情境，能够防止欺凌的进一步恶化，使校园欺凌的旁观者更有可能为受害者辩护，抵制欺凌。那么，教师会采取哪些预防型干预行为？影响其干预行为的因素有哪些？国内相关研究尚未形成实证报告。国外学者重视校园欺凌防控方案有效性的研究，对教师预防型干预行为的研究侧重教师在校园欺凌发生后的干预行为；在个体因素与教师预防型干预行为的相关性研究中多关注个体属性与欺凌干预行为的相关性，教师校园欺凌干预信念对校园欺凌防控方案效果的影响，缺乏对教师欺凌干预信念、校园反欺凌氛围、教师预防型干预行为之间结构关系的关注，更没有关注教师欺凌干预信念、校园反欺凌氛围对不同类型预防型干预行为的影响差异。因此，本研究拟通过问卷调查，运用结构方程，探索教师预防型欺凌干预行为的影响因素。

教师预防型干预行为是一种特殊的教育行为。教师教育行为总是以

---

① 张桂蓉、张颖、顾妮：《学校反欺凌氛围对教师预防型干预行为的影响：干预信念的中介作用》，《广州大学学报》（社会科学版）2022 年第 21 期。

一定的教学思想和信念为先导，虽然有些信念常常不被教师意识到，也不一定能清晰地表达出来，[①] 但是，教师的信念对其教育行为具有评价和导向功能。[②] "信念"是个体凭借个体经验或借鉴他人经验形成对因果关系的认知与判断，以及在此基础上形成的路径选择。[③] 他人行为和自我效能感促进教师干预校园欺凌信念的形成。如果教师们相信学校里的其他人也可能干预校园欺凌，他们就更愿意采取校园欺凌干预行为。Van Verseveld 等采用元分析的方法对已有研究文献进行分析后指出，当干预方案中包含了强化教师态度、主观规范、自我效能、知识和技能等要素时，反欺凌方案的有效性可能会增加。[④] Brennan 等也指出，感知自我效能感是影响教职工干预行为的重要因素。[⑤] Kallestad 等发现教师对校园欺凌干预重要性的信念是反欺凌项目实施效果的重要预测因素。[⑥] Tsaskia 等证明教师对干预欺凌的信心越高、[⑦] 自我效能感越高，[⑧] 干预校园欺凌的频率越高。由此，我们提出以下假设。

H1：教师干预信念会对教师预防型干预行为产生显著正向影响。

H1a：教师干预信念会对教师教育行为产生显著正向影响。

H1b：教师干预信念会对教师关注行为产生显著正向影响。

Baraldsnes 对影响教师按照 OBPP（Olweus Bullying Prevention Pro-

① 宋月琴：《计划行为理论与教师信念研究》，《教育理论与实践》2015 年第 16 期。

② M. W. Beets, B. R. Flay, et al. ,"School Climate and Teachers' Beliefs and Attitudes Associated with Implementation of the Positive Action Program: A Diffusion of Innovations Model", *Prevention Science*, Vol. 4, 2008.

③ 郝雅立：《公共冲突中的社会预期管理：目标、信念与制度环境》，《中国行政管理》2018 年第 7 期。

④ Van Verseveld, R. G. Fukkink, M. Fekkes, et al. , " Effects of Antibullying Programs on Teachers' Interventions in Bullying Situations, A Meta – analysis", *Psychology in the School*, Vol. 9, 2019.

⑤ L. M. Brennan, T. E. Waasdorp, C. P. Bradshaw, et al. , "Strengthening Bullying Prevention through School Staff Connectedness", *Journal of Educational Psychology*, Vol. 3, 2014.

⑥ J. H. Kallestad, D. Olweus, "Predicting Teachers' and Schools' Implementation of the Olweus Bullying Prevention Program: A Multilevel Study", *Prevention & Treatment*, Vol. 6, 2003.

⑦ M. Tsaskia, L. B. Fischer, "Teachers' Self – Efficacy in Bullying Interventions and Their Probability of Intervention", *Psychology in The School*, Vol. 5, 2019.

⑧ J. Yoon, S. Bauman, "Teachers: A Critical but Overlooked Component of Bullying Prevention and Intervention", *Theory Into Practice*, Vol. 4, 2014.

gram）手册执行干预校园欺凌措施的个体和学校环境因素进行分析后指出，教师的欺凌预防工作与其对学校氛围的评价间存在显著的正相关关系。[①] 可以判断，教师对干预欺凌的"信念"会受到学校反欺凌氛围的影响。由此，我们提出如下假设。

H2：学校反欺凌氛围会对教师预防型干预行为产生显著正向影响。

H2a：学校反欺凌氛围会对教师教育行为产生显著正向影响。

H2b：学校反欺凌氛围会对教师关注行为产生显著正向影响。

教师行为是动态变化的，其教育信念及行为不断受到各种外界环境因素的影响与制约，这些环境因素与教师自身因素的不断交互作用塑造了教师特有的教育信念和教学实践行为。[②] Sibel 从建构主义的研究视角指出，教师的信念是个体与社会环境交互作用的产物，教师的教育信念会受到外部环境的影响。[③] 在外部条件一定的情况下，不同的个体行为信念会对个体行为产生不同的影响，外部环境对干预行为的影响也会通过个体行为信念的强弱影响到个体行为。教师对学校安全氛围的感知程度与个体信念之间存在显著正相关关系，而拥有积极信念的教师更有可能干预欺凌行为。[④] 由此，我们提出如下研究假设。

H3：学校反欺凌氛围会对教师干预信念产生显著正向影响。

H4：教师干预信念在学校反欺凌氛围与教师预防型干预行为的关系中起到中介作用。

H4a：教师干预信念在学校反欺凌氛围与教师教育行为的关系中起到中介作用。

H4b：教师干预信念在学校反欺凌氛围与教师关注行为的关系中起到中介作用。

---

① D. Baraldsnes, "Bullying Prevention and School Climate: Correlation between Teacher Bullying Prevention Efforts and Their Perceived School Climate", *International Journal of Developmental Science*, Vol. 3, 2020.

② 张凤娟、刘永兵：《影响中学英语教师信念的多因素分析》，《外语教学与研究》2011 年第 3 期。

③ D. Sibel, "The Effect of Constructivist and Traditional Learning Environment on Student Teachers' Educational Beliefs", *Pamukkale University Journal of Education*, Vol. 36, 2014.

④ C. P. Bradshaw, A. L. Sawyer, L. M. O'Brennan, "Bullying and Peer Victimization at School: Perceptual Differences between Students and School Staff", *School Psychology Review*, Vol. 3, 2007.

综上所述，本节总体研究框架如图 5 – 1 所示。

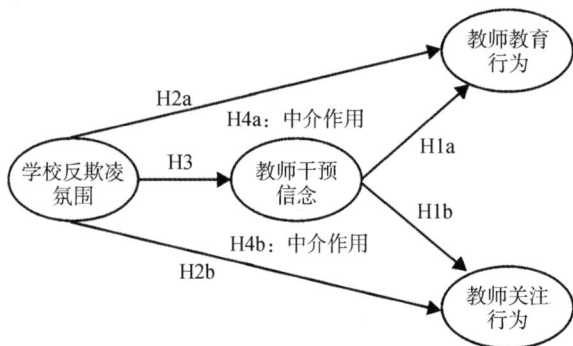

图 5 – 1 教师预防型干预行为的影响因素模型

二 变量测量

由于相关变量的测量缺乏成熟量表，本节在文献研究、中小学教师深度访谈和专家咨询的基础上，结合校园欺凌治理相关政策内容设计变量测量题项。初始问卷涉及学校反欺凌氛围、教师干预信念、教师教育行为与教师关注行为四个变量，共计 27 个题项。其中被试者个人基本信息 9 个题项，学校反欺凌氛围量表 4 个题项。

1. 学校反欺凌氛围

一般来讲，学校反欺凌氛围可通过客观指标或者主观指标来测量，客观指标主要是学校的客观特征，如学校规则、行为规范、学习实践活动、安全管理制度等方面。[①] 学习反欺凌氛围客观层面的测量指标来自学校的反欺凌制度和专题活动，主管层面的测量指标来自教师和学生的评价。根据中国的实际情况，以学校反欺凌制度的制定和执行情况为调查切入点，参考各省市制定的中小学校园欺凌的整治方案和教育部等十一个部门联合印发的《加强中小学生欺凌综合治理方案》的内容，以及中小学教师的深度访谈结果，构建学校反欺凌氛围测量指标。主要包括：（1）F1：学校执行反欺凌政策方案内容，包括组建学生欺凌治理委员会、

---

① A. Thapa, J. Cohen, S. Guffey, et al., "A Review of School Climate Research", *Review of Educational Research*, Vol. 3, 2013.

建立欺凌受害心理辅导中心、制定防治学生欺凌工作各项规章制度（干预流程和处罚规定）、明确老师在应对欺凌中的责任、将校园欺凌纳入老师学年考核评价中、针对反欺凌行为进行宣传（张贴或者在电子屏幕、黑板、校报等处显示反欺凌标语）、增加学校安全保障设施（如安装电子监控、紧急报警装置等）；（2）F2：培训学生的方式，包括升旗仪式讲话、主题班会、专门课程、专题讲座等形式；（3）F3：培训家长的方式，包括在线宣传、主题班会、专题讲座等形式；（4）F4：培训教师的方式，包括在线宣传、资料发放、专业培训、职工会议等形式。F1 按照学校政策方案的内容多少进行加总求和来测量，没有制定相关政策计为 1 分，包含其中一项内容的计为 2 分，依此类推，六项全部包含的计为 7 分，后将 7 分制转为 5 分制。学生（F2）、家长（F3）、教师（F4）的宣传教育情况按照频率（从未 = 1 分、一次 = 2 分、一学期一次 = 3 分、一学期两次 = 4 分、一学期三次及以上 = 5 分）进行测量。

2. 教师干预信念

教师校园欺凌干预信念是此次研究的中介变量。Ajzen 在其研究中提出信念是引起群体行为改变的关键近端因素，态度、规范、感知行为控制等往往是由信念这一深层次因素所控制；[1] Heuckmann 等将教师的教育信念分为态度信念、规范信念与感知行为控制信念。[2]

本节在以往研究的基础上将教师干预信念界定为教师对校园欺凌进行干预的个体看法和认知，具体包括教师了解干预校园欺凌的知识/方法的程度、对自身干预手段解决校园欺凌问题的有效性的评价、对其他教师干预欺凌努力程度的评价、家人和朋友的关注对干预校园欺凌态度的影响、对自身成功干预校园欺凌的信心。教师干预信念变量采用 10 分制（"1 分 = 非常少/非常小/非常低，10 = 非常多/非常大/非常高"）进行测量。

---

① I. Ajzen, *Attitudes, Personality, and Behavior*, Maidenhead: Open University Press, 2005, pp. 25 – 30.

② B. Heuckmann, Hammann Marcus, R. Asshoff, "Using the Theory of Planned Behaviour to Develop a Questionnaire on Teachers' Beliefs about Teaching Cancer Education", *Teaching and Teacher Education*, Vol. 75, 2018.

3. 教师预防型干预行为

校园欺凌预防型干预行为是此次研究的结果变量。参照世界卫生组织对校园欺凌干预行为的划分标准，将教师的预防型干预行为分为关注行为和教育行为。根据中国中小学校园欺凌预防的具体措施，教师的教育行为主要包括组织学生观看反欺凌的影片，该变量通过教师采用何种方式及每种方式采用的频率进行测量。教师的关注行为主要表现为对特殊学生的关注程度，特殊学生依据其是否具有卷入校园欺凌风险的因素判断，一般来讲，行为异常（如没有朋友）、学习表现异常（如成绩突然下降）、情绪异常（如低落）和家庭情况特殊（如离异或单亲家庭或者家庭经济特别困难）等的学生具有卷入校园欺凌的风险。教师的关注行为按照关注程度进行打分（很少＝1分、比较少＝2分、一般＝3分、比较多＝4分、非常多＝5分）。

此外，教师的性别、年龄、受教育程度、身份、任教年级、任教区域等个体特征也会对教师校园欺凌预防型干预行为产生一定的影响，因此本研究将它们作为控制变量。

4. 预测试

考虑到量表存在自制导致权威性不足的缺点，我们基于收集到的141份预测试调查数据对量表进行信效度检验与探索性因子分析。经检验发现原变量测量条目存在调整的空间：测量条目F1（学校执行反欺凌政策方案内容）、B6（是否有必要采取干预措施）及IF5（身材弱小或肥胖）影响问卷整体的信度，将其删除后形成发现整体信度有所提高，最终形成此次研究的正式问卷。各变量测量条目如表5-3所示。

表5-3　　教师校园欺凌预防型干预行为量表的正式测量题项

变量	题项	题目内容	参考来源
个人基本信息		性别、年龄、教龄、受教育程度、任教学科、任教年级、职务、任教区域、学校类型	

续表

变量	题项	题目内容	参考来源
学校反欺凌氛围	F2	培训学生的方式（升旗仪式、主题班会、专门课程、专题讲座）及相关频率	美国国家学校氛围委员会[①]、《加强中小学生欺凌综合治理方案》[②]、张桂蓉和韩自强[③]
	F3	培训家长的方式（在线宣传、主题班会、专题讲座）及相关频率	
	F4	培训教师的方式（在线宣传、资料发放、专业培训、职工会议）及相关频率	
教师干预信念	B1	是否了解干预校园欺凌行为的知识/方法	Heuckmann[④]、Ajzen[⑤]
	B2	认为自己在干预校园欺凌行为时能够发挥作用的程度	
	B3	对其他教师为干预校园欺凌行为付出的努力程度进行评价	
	B4	在日常生活中，家人、朋友提及校园欺凌的频率	
	B5	对解决校园欺凌事件的信心	
教师教育行为	IE2	组织学生观看反欺凌的影片（或短视频）	世界卫生组织对校园欺凌干预行为的划分标准[⑥]、张桂蓉和韩自强[⑦]
	IE3	校园欺凌典型案例教育	
	IE5	校园欺凌情景模拟教育	
教师关注行为	IF1	对学习成绩异常波动同学的关注程度	
	IF2	对行为表现异常学生的关注程度	
	IF3	对情绪表现异常学生的关注程度	
	IF4	对家庭情况特殊学生的关注程度	

① A. Thapa, J. Cohen, S. Guffey, et al. , "A Review of School Climate Research", *Review of Educational Research*, Vol. 3, 2013.

② 《教育部等十一部门关于印发〈加强中小学生欺凌综合治理方案〉的通知》(http://www. moe. gov. cn/srcsite/A11/moe_1789/201712/t20171226_322701. html, 2017 年 11 月 23 日)。

③ 张桂蓉、韩自强：《校园欺凌现象的辨识、成因与治理对策》，中国社会科学出版社 2021 年版。

④ B. Heuckmann, Hammann Marcus, R. Asshoff, "Using the Theory of Planned Behaviour to Develop a Questionnaire on Teachers' Beliefs about Teaching Cancer Education", *Teaching and Teacher Education*, Vol. 75, 2018.

⑤ I. Ajzen, "The Theory of Planned Behavior", *Organizational Behaviour and Human Decision Processes*, Vol. 2, 1991.

⑥ Committee on the Biological and Psychococial Effects of Peer Victimization, et al. , *Preventing Bullying through Science, Policy, and Practice*, Washington, D. C. : National Academies Press, 2016, pp. 99 – 101.

⑦ 张桂蓉、韩自强：《校园欺凌现象的辨识、成因与治理对策》，中国社会科学出版社 2021 年版。

三 实证检验

1. 数据收集与样本基本情况

此次研究以安徽、湖南、江苏、湖北等 23 个省区市的中小学教师为调查对象,具体包括校长、学校行政职务人员、班主任和任课老师。问卷通过熟识的教育系统工作人员发放,调查对象借助问卷星系统填写问卷,共回收 427 份问卷,回收率 100%。问卷回收后,按照三个标准对问卷进行筛选:第一,作答时间是否短于三分钟;第二,作答结果是否存在逻辑错误;第三,是否存在所有作答结果完全相同的问卷。最终,我们剔除了无效问卷 27 份,共得到有效问卷 400 份,问卷有效率达 93.7%。被试者的基本情况如表 5 - 4 所示。

表 5 - 4　　　　　　　　　调查对象基本信息统计

个体特征	选项	频次	百分比（%）	个体特征	选项	频次	百分比（%）
性别	男	146	36.5	任教学科	音体美/信息	24	6.0
	女	254	63.5		心理辅导	4	1.0
年龄	25 岁及以下	63	15.8		其他	56	14.0
	26—35 岁	201	50.3	任教年级	小学	86	21.5
	36—45 岁	74	18.5		初中	178	44.5
	46—55 岁	50	12.5		高中	123	30.8
	56 岁及以上	12	3.0		职高/中专	13	3.3
教龄	1 年以下	50	12.5	职务	校长	9	2.3
	1—2 年	59	14.5		行政人员	38	9.5
	3—5 年	90	22.5		班主任	78	19.5
	6—10 年	67	16.8		任课老师	275	68.8
	10 年以上	134	33.5	任教区域	市	175	43.8
受教育程度	大专及以下	38	9.5		县/区	115	28.8
	本科	292	73.0		乡镇/街道	110	27.5
	硕士研究生	66	16.5	学校类型	私立	117	29.3
	博士研究生	4	1.0		普通公立	162	40.5
任教学科	语/数/外	205	51.3		省属重点	68	17.0
	政/史/地	86	21.5		市属重点	42	10.5
	物/化/生	25	6.3		县属重点	11	2.8

2. 数据分析方法

本研究采用 SPSS 23.0 与 AMOS 26.0 统计软件完成数据处理工作。数据分析程序如下：（1）采用内部一致性 Cronbach's α 系数评价量表信度；（2）采用验证性因子分析量表效度；（3）采用描述性分析考察学校反欺凌氛围、教师干预信念、教师预防型干预行为的整体状况；（4）采用单因素方差分析考察教师校园欺凌预防型干预行为的差异；（5）采用相关性分析考察变量间相关系数；（6）采用结构方程模型进行假设检验。

四　研究结果

1. 量表信度与效度

在数据处理之前，首先进行信效度检验。在信度方面，采用内部一致性 Cronbach's α 系数评价量表信度，经检验发现学校反欺凌氛围量表的信度为 0.882，教师干预信念的信度为 0.815，教师教育行为的信度为 0.942，教师关注行为的信度为 0.91。各变量量表具有较高的信度，全部满足测量的要求。

在结构效度方面，采用方差最大旋转主成分分析法发现整体效度较好：学校反欺凌氛围的三个题项较好地收敛于一个因子，其 KMO 值为 0.773（$\chi^2 = 402.075$，$p = 0.000$），因子载荷均在 0.9 以上，累计方差解释率为 90.497%。教师干预信念五个题项较好地收敛于一个因子，其 KMO 值为 0.841（$\chi^2 = 282.737$，$p = 0.000$），因子载荷均在 0.745—0.886 之间，累计方差解释率为 62.513%。教师校园欺凌预防型干预行为提取出教师教育行为与教师关注行为 2 个因子，教师教育行为的三个题项较好地收敛于一个因子，教师关注行为的四个题项较好地收敛于一个因子，教师预防型干预行为的 KMO 值为 0.858（$\chi^2 = 846.708$，$p = 0.000$），累计方差解释率为 79.548%，因子载荷均在 0.8 以上。此外，验证性因子表明由学校反欺凌氛围、教师干预信念、教师教育行为、教师关注行为组成的四因子模型拟合度较好，且这一模型的拟合度显著优于其他竞争模型。如表 5 – 5 所示。

表 5 - 5   **研究量表的信度与效度**

维度 （信度）	题项 （信度）	累计方差 解释率（%）	验证性因子 分析结果
学校反欺 凌氛围 （0.882）	F2 培训学生的方式及相关频率（0.799） F3 培训家长的方式及相关频率（0.815） F4 培训老师的方式及相关频率（0.818）	90.497	$\chi^2/df=2.176$ GFI = 0.942 CFI = 0.976 TLI = 0.970 RMSEA = 0.054 SRMR = 0.042
教师干 预信念 （0.815）	B1 是否了解干预校园欺凌的知识/方法（0.740） B2 您认为自己在干预校园欺凌时能发挥的作用（0.791） B3 请您对其他教师为干预校园欺凌付出的努力程度进行评价（0.771） B4 在日常生活中，您的家人、朋友提及您注意校园欺凌的频率（0.776） B5 您对解决校园欺凌事件的信心（0.771）	62.513	
教师教 育行为 （0.942）	IE2 组织学生观影或短视频（0.909） IE3 校园欺凌案例教育（0.868） IE5 情景模拟教育（0.892）	79.548	
教师关 注行为 （0.91）	IF1 学习成绩异常波动（0.886） IF2 学生行为异常（0.883） IF3 学生情绪异常（0.874） IF4 学生家庭情况特殊（0.890）		

2. 共同方法偏差检验

当研究数据来自同一个被试样本时，可能存在共同方法偏差问题。针对单因素检验存在不稳定的情况，使用方法因子对共同方法偏差进行检测。在原有基准因子的基础上加上一个方法因子作为全局因子，比较加上方法因子后的模型拟合指数。相比基准因子，如果 CFI 和 TLI 提高幅度超过 0.1，RMSEA 和 SRMR 降低幅度超过 0.05，说明存在严重的共同方法偏差。本研究在原有基准因子的基础上加上一个方法因子作为全局因子，比较加上方法因子后的模型拟合指数。按照上述步骤，在原来四因子模型的基础上加入一个方法因子，构建五因子模型结构。含有方法因子的 RMSEA = 0.036、SRMR = 0.031、CFI = 0.991、TLI = 0.987，不含有方法因子的 RMSEA = 0.054、SRMR = 0.042、CFI = 0.976、TLI =

0.970，结果表明指标 CFI、TLI 的提升幅度在 0.02 以内，SRMR、RM-SEA 的降低幅度在 0.02 以内，因此可排除共同方法偏差对研究结果可能造成的误差。

3. 各变量得分情况分析

（1）学校反欺凌氛围、教师干预信念、教师预防型干预行为的整体状况

经描述性分析发现，学校反欺凌氛围总体均值为 2.68（满分 5 分），中位数为 2.67，标准差为 1.05，表明学校反欺凌氛围处于中等水平且得分分布均匀。学校对学生的宣传教育平均得分最高，对老师宣传教育平均得分其次，对家长的宣传教育平均得分最低，分别为 2.89、2.69 和 2.45。教师干预信念得分均值为 6.55（满分 10 分），中位数为 6.60，标准差为 1.55，表明教师的干预信念总体得分处于中等水平且得分分布均匀。对教师干预信念进一步分析发现两个问题：一是责任认知不足，缺乏干预动力。责任认知水平得分仅为 5.95（满分 10 分），调查对象认为老师在校园欺凌干预中承担着次要责任。二是干预知识和干预能力缺乏。参加过教育培训的老师仅占到一半左右，其中多数参与的培训形式是会议学习（58.25%）与参与讲座（61.25%），获得专业人员指导的教师比例仅为 47.7%。教师预防型干预行为的得分均值为 3.32（满分 5 分），中位数为 3.33，标准差为 0.76，表明教师预防型干预行为处于中等水平且得分总体均匀。教师预防型干预行为的两个维度的均值分别为 3.75 和 2.88，其中教师关注行为的均值得分水平较高。

（2）教师预防型干预行为的单因素方差分析

采用单因素方差分析考察教师的性别、年龄、教龄、受教育程度、任教学科、任教年级、职务、任教区域等个体特征对教师预防型干预行为的影响。从教师教育行为上看，教师性别、年龄、受教育程度、职务、任教年级、任教区域、任教学科对教师教育行为得分差异均有统计学意义（$p < 0.05$）。男性教师得分高于女性教师；教师的受教育程度与教师教育行为呈现反向相关关系，学历越低，教师的教育行为得分反而越高；校长和行政人员教育行为得分普遍高于班主任和普通教师，这可能是因为行政岗位受到的考核压力较大；小学和初中的教师教育行为得分高于高中、中专的教师，符合中小学是校园欺凌的高发学段这一基本情况；乡镇/街道的教师教育行为的平均得分高于市、县级的教师，原因可能在

于乡镇/街道的校园欺凌发生率普遍高于市级和县级的学校；心理辅导课程、其他课程教师教育行为得分更高。从教师关注行为上看，从教时间对教师关注行为得分差异有显著统计学意义（$p < 0.05$），结果显示从教时间越长，教师的关注行为得分越高。结果如表 5-6 所示。

表 5-6　　　　　　教师预防型干预行为的单因素分析

个体特征	选项	关注行为 M±SD	教育行为 M±SD	个体特征	选项	关注行为 M±SD	教育行为 M±SD
性别	男	3.69±0.76	3.12±1.10	任教学科	语/数/外	3.80±0.68	2.87±1.15
	女	3.78±0.69	2.74±1.21		政/史/地	3.72±0.76	2.5±61.13
	F	1.489	9.77		物/化/生	3.73±0.79	3.08±1.35
	显著性	0.223	0.002		音/美/传/信息	3.41±0.60	2.50±1.13
年龄	25 岁及以下	3.69±0.59	2.72±1.13		心理辅导	3.94±0.31	3.25±0.57
	26—35 岁	3.76±0.68	2.77±1.17		其他	3.77±0.79	3.47±1.14
	36—45 岁	3.81±0.72	3.25±1.19		F	1.4	5.04
	46—55 岁	3.70±0.96	2.91±1.25		显著性	0.223	0.000
	56 岁及以上	3.75±0.85	3.14±0.96	任教年级	小学	3.79±0.72	2.96±1.06
	F	0.291	2.707		初中	3.81±0.66	3.03±1.16
	显著性	0.884	0.03		高中	3.66±0.75	2.63±1.24
教龄	1 年以下	3.54±0.76	2.59±1.14		职高/中专	3.46±1.05	2.79±1.31
	1—2 年	3.60±0.78	2.88±1.14		F	1.933	2.978
	3—5 年	3.83±0.58	2.81±1.15		显著性	0.124	0.031
	6—10 年	3.91±0.50	2.78±1.14	职务	校长	4.11±0.73	3.85±1.06
	10 年以上	3.76±0.82	3.0±1.24		行政人员	3.80±0.80	3.47±1.13
	F	2.774	2.01		班主任	3.82±0.74	2.98±1.11
	显著性	0.027	0.092		任课老师	3.69±0.68	2.66±1.16
受教育程度	大专及以下	3.57±0.87	3.30±1.03		F	1.655	10.285
	本科	3.78±0.72	2.89±1.19		显著性	0.176	0.000
	硕士研究生	3.72±0.57	2.62±1.22	任教区域	市	3.82±0.67	2.65±1.13
	博士研究生	3.88±0.63	2.83±0.19		县/区	3.68±0.75	2.94±1.25
	F	1.001	2.73		乡镇/街道	3.71±0.75	3.19±1.12
	显著性	0.392	0.044		F	1.39	7.48
					显著性	0.250	0.001

4. 各变量的相关性分析

采用 Pearson 相关分析探讨学校反欺凌氛围、教师干预信念、教师关注行为、教师教育行为之间的相关程度。研究结果表明四者均在 0.01 的水平上显著相关，结果如表 5 – 7 所示。其中，教师干预信念与教师预防型干预行为之间均呈现显著正相关关系，与教师关注行为的相关系数为 0.312，与教师教育行为之间的相关系数为 0.569；学校反欺凌氛围与教师预防型干预行为之间呈现显著正相关关系，与教师关注行为之间的相关系数为 0.252，与教师教育行为之间的相关系数为 0.788；学校反欺凌氛围与教师干预信念之间存在显著正相关关系，其相关系数为 0.544。由此可知，相关性分析结果与理论假设一致，为进一步分析提供了初步支持。如表 5 –7 所示。

表5 –7　　　　　　　　　　变量相关性分析

变量	学校反欺凌氛围	教师干预信念	教师关注行为	教师教育行为
学校反欺凌氛围	1.000	—	—	—
教师干预信念	0.544 **	1.000	—	—
教师关注行为	0.252 **	0.312 **	1.000	—
教师教育行为	0.788 **	0.569 **	0.300 **	1.000

注: ** $p < 0.01$。

5. 假设检验

（1）结构方程模型检验结果

本研究选取常用的绝对拟合度指数和相对拟合度指数，包括 $\chi^2/df = 2.164$（<3），GFI = 0.941、CFI = 0.976、AGFI = 0.917、TLI = 0.970（>0.9），RMSEA = 0.054 和 SRMR = 0.043（<0.08），模型整体拟合度满足要求。本研究借助 AMOS 26.0 统计软件对研究假设进行了验证，如图 5 –2 所示。

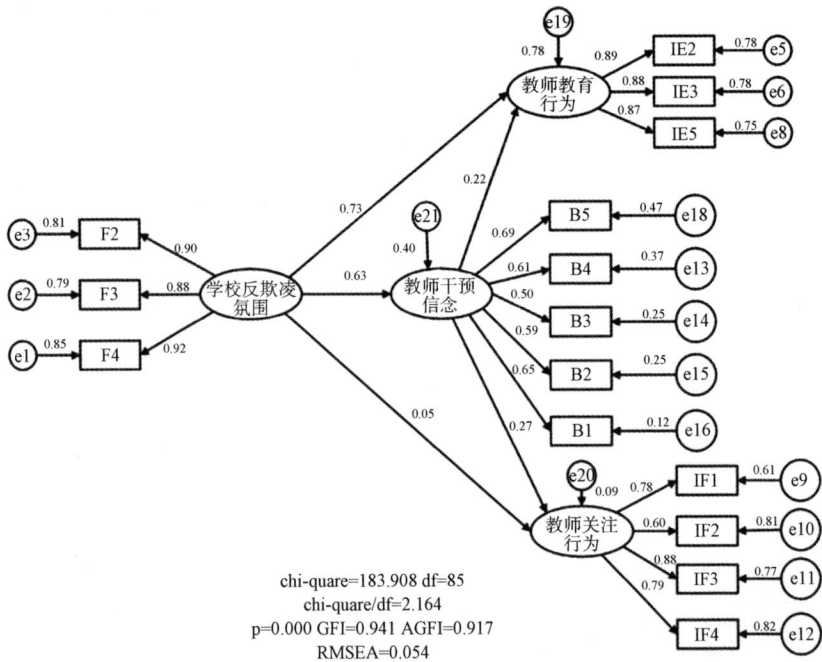

图 5 - 2 教师校园欺凌预防型干预行为的结构
方程模型及路径系数

本研究以学校反欺凌氛围为自变量，教师预防型干预行为为因变量，
纳入教师干预信念作为中介变量进行模型检验，结果如表 5 - 8 所示。对
假设进行验证时，需要对非标准化路径系数的 p 值或者 t – value 值进行比
较，当 t – value 大于 1. 96 或者 $p < 0.05$ 时，表明路径系数显著。研究结
果显示，教师干预信念对教师教育行为、关注行为的标准化路径系数分
别为 0. 216（t = 4. 453，$p < 0.001$），0. 267（t = 3. 361，$p < 0.001$），表明
教师干预信念对教师教育行为和关注行为有显著正向影响，假设 H1a、
H1b 得到验证。学校反欺凌氛围对教师教育行为的标准化路径系数为
0. 730（t = 14. 873，$p < 0.001$），表明学校反欺凌氛围对教师教育行为有
显著正向影响，假设 H2a 得到验证；学校反欺凌氛围对教师关注行为的
标准化路径系数为 0. 054（t = 0. 739 < 1. 96，$p > 0.05$）。在 0. 05 的水平上
没有通过显著性检验，假设 H2b 不成立。学校反欺凌氛围对教师干预信

念的标准化路径系数为 0.632 （t = 9.689 > 1.96，p < 0.001），表明学校反欺凌氛围对教师干预信念有显著正向影响，假设 H3 得到验证。

表 5 - 8　　　　　　　结构方程模型的路径检验结果

假设	路径	Unstd	SE	t – value	P	Std.
H1a	教师教育行为←干预信念	0.168	0.038	4.453	***	0.216
H1b	教师关注行为←干预信念	0.109	0.032	3.361	***	0.267
H2a	教师教育行为←学校反欺凌氛围	0.809	0.054	14.873	***	0.730
H2b	教师关注行为←学校反欺凌氛围	0.031	0.043	0.739	0.460	0.054
H3	干预信念←学校反欺凌氛围	0.901	0.093	9.689	***	0.632

注：*** p < 0.001。

（2）中介效应检验结果

本研究采用自助抽样法（bootstrap method）进一步对中介效应进行检验，样本量选择为 5000，采用 Bias – Corrected 和 Percentile 两种方法检测置信区间。为提高结果可信度，使用系数乘积法所得 Z 值进行辅助验证。研究结果显示，学校反欺凌氛围对教师教育行为的总效应和间接效应的 95% 置信区间均不包含零，且点估计值的 Z 值均大于 1.96，说明学校反欺凌氛围与教师教育行为之间存在中介效应。继续检测直接效应的置信区间，置信区间均不包含 0，且 Z 值为 16.222 > 1.96，则表明学校反欺凌氛围与教师教育行为之间存在部分中介效应。其中间接效应的点估计值为 0.137，总效应的点估计值为 0.867，通过计算中介效应/总效应的比值，能够计算出中介效果的相对大小。在学校反欺凌氛围对教师教育行为关系中，教师干预信念的中介效应占总效应的 15.8%，假设 H4a 得到验证。学校干预氛围对教师关注行为的总效应和间接效应的 95% 置信区间均不包含零，且点估计值的 Z 值均大于 1.96，说明学校干预氛围与教师关注行为之间存在中介效应。继续检测直接效应的置信区间，置信区间均包含 0，且 Z 值为 0.643 < 1.96，表明学校干预氛围与教师关注行为之间存在完全中介效应。其中间接效应的点估计值为 0.168，总效应的点估计值为 0.222，干预信念的中介效应占总效应的 75.68%。假设 H4b 得到验证。结果如表 5 - 9 所示。

表 5 - 9 　　　　　　　　　中介效应检验结果

路径	点估计值	系数相乘积		Bootstrapping			
				Bias - Corrected 95% CI		Percentile 95% CI	
		SE	Z	Lower	Upper	Lower	Upper
总效应							
教师关注行为←学校反欺凌氛围	0.222	0.058	3.828	0.106	0.334	0.105	0.332
教师教育行为←学校反欺凌氛围	0.867	0.022	39.409	0.817	0.907	0.819	0.907
间接效应							
教师关注行为←学校反欺凌氛围	0.168	0.070	2.400	0.045	0.320	0.038	0.313
教师教育行为←学校反欺凌氛围	0.137	0.033	4.152	0.077	0.208	0.074	0.203
直接效应							
教师关注行为←学校反欺凌氛围	0.054	0.084	0.643	- 0.111	0.214	- 0.111	0.214
教师教育行为←学校反欺凌氛围	0.730	0.045	16.222	0.633	0.811	0.636	0.814

第四节　校园欺凌的防治策略

校园欺凌治理是一个综合性、系统性、多主体、全方位广泛参与的合作治理过程，不仅需要加强法律法规等规章制度的建设，强化校园欺凌治理规则的系统能力，更需要多元共治，吸纳多方力量参与校园欺凌全过程治理。在此基础上，学校可充分发挥校园欺凌治理主阵地的关键作用，加强宣传教育及监督检查，培育良好学校氛围，以及加强对教师的教育培训，提高教师的干预信念。

一　强化校园欺凌治理规则的系统指导能力

2020 年，我国校园欺凌治理方面的法律体系迎来重大突破，我国新修订的《中华人民共和国未成年人保护法》和《中华人民共和国预防未成年人犯罪法》对学校、教育部门和相关主体开展校园欺凌的治理提出了明确要求和指导性意见，为校园欺凌的治理提供了坚强的法律基础与保障。但是有关校园欺凌的规定散落于不同的法律规章中，缺乏系统性，现有的政策规定也存在高度概括、可操作性不强的问题，缺乏指导性，容易造成"有法难依"的实施困境。因此，应当进一步完善校园欺凌治理的法律体系，细化政策措施，为校园欺凌事后治理提供清晰、翔实的依据。首先，我们需要加快立法进程，不断对现行法律法规进行完善和更新，使其符合校园欺凌处置的实践要求，回应现实问题。与现行相关法律相衔接，制定校园欺凌专门法律。其次，制订规范、科学、翔实、操作性强的校园欺凌治理方案，将校园欺凌治理工作落实为具有威慑效力的规章制度，才能够使学校校园欺凌治理工作有章可循，有条不紊、按部就班地积极参与校园欺凌防治工作，让学生在遭受校园欺凌时知道如何获得支持和帮助。

二　吸纳多方力量参与校园欺凌全过程治理

就校园欺凌全过程治理而言，既要重视学校日常的德育教育，减少校园欺凌事件的发生，又要重视校园欺凌事件发生时对学生的合法、合理、合情处置，更要重视校园欺凌事件发生后对学生的心理保护，培养健全向上的人格。那么，必然需要联合多方主体参与校园欺凌全过程治理，校园欺凌不只是学校的事情，也是学生家庭教育的重要内容，更是政府相关职能部门的部门职责。首先应重视学生在校园欺凌治理中的重要角色，成立学生欺凌治理委员会，赋予其权力处理轻微欺凌事件，并协助学校处理较为严重的欺凌事件。具体而言，在调查阶段可由委员会成员搜集事件信息，学生之间具有获取真实信息的优势；在处理阶段可由委员会成员根据调查信息对欺凌行为做出认定，并施以相应的惩戒措施；在恢复阶段可持续对欺凌与被欺凌主体进行追踪观察，既监督欺凌者改变行为、接纳其融入集体生活，也要注重关心，保护被欺凌者。其次是加强家校合作，强调家校联合治理。学校在日常的工作中应加强与家长的联合与沟通，明确家长应当担负的监护与教育责任，成立家委会，通过家委会疏通信息交流渠道，建立有家长代表参与的校园欺凌治理制度，家委会成员可参与欺凌行为的判断、责任界定与处理，以及对学校的处理过程进行监督。最后是学校与公安、司法、教育局等职能部门联合治理校园欺凌。学校应加强与主管部门教育局以及相关职能部门公检法司的协作，畅通联络渠道，以便在校园欺凌事件发生时，第一时间通知相关部门。例如，公安机关应当进一步丰富、细化法制副校长的职责。在宣传法制观念、解读法律政策的基础上，注重培训、监督教师在校园欺凌事后治理中运用合法的方式与手段，使其合法合规。注重协助学校处理欺凌事件，特别是严重欺凌事件，成为公安机关与学校之间的沟通桥梁，加深合作力度。司法机关要推动落实心理疏导、身体康复、法律援助等综合救助工作，加大人员互联、信息互通的力度。

三　培育良好学校氛围

学校是校园欺凌发生、治理、干预的主阵地，学校整体干预氛围作为教师校园欺凌干预行为的外源性动力，在教师个体的干预行为中发挥着重要影响作用。加强教师个体的干预行为，要在学校形成重视校园欺凌、加强干预的氛围，加强对干预行为的监督检查，营造防控校园欺凌风险的环境。加强培养学校反欺凌氛围可以从以下几个方面着手：（1）加强对学生的教育，采取举行讲座、课程设计、主题活动等方式，增加学生对欺凌相关知识的了解，提高其应对欺凌的能力；（2）采取班会或者科学讲座的形式对家长进行宣传教育。校园欺凌的治理只靠学校一方很难取得有效的干预成效，可以通过相关活动动员家长，家校合力，共同干预校园欺凌；（3）加强对老师的政策通知和相关培训教育，提高教师的重视程度和解决校园欺凌的能力；（4）教育部门的责任主体加强对学校整体干预情况的监督，定期对其干预情况进行评估。一方面，能够提高学校对反欺凌政策执行的程度；另一方面，也能够在一定程度上促进学校氛围的改善。通过调动各方主体，培养各主体对校园欺凌的重视程度，形成正确认知，营造全员共同干预的氛围。

四　提高教师的干预信念

教师个体的干预信念作为干预行为的内源性动力对教师干预行为的影响较为稳定，因此要注重对教师的培训教育，对教师的个体干预信念进行引导，提升其对校园欺凌事件的认知，提高应对欺凌的能力。教师与学生的接触最为紧密，也更为频繁，在校园欺凌的防治工作中发挥着中坚力量，因此需要提高教师对欺凌的认知，提高其应对校园欺凌的能力。校园欺凌的干预涉及事前提前预防、事中及时处理、事后妥善善后等一系列全流程的工作，教师需要具备专业的知识来应对处理这一系列的工作。校园欺凌事件往往起源于非常细微的事件，在校园欺凌的防治中能够及早发现校园欺凌的苗头，对被欺凌者的伤害就能降低到最小，取得的效果也就越好。教师若能够及早识别校园欺凌事件，采取妥当手段对事件主体进行处理，能够在很大程度上防止校园欺凌事件向恶性阶段发展。因此有必要对教师个体的干预信念引导巩固，具体可以从以下几个方面入手：（1）加强学校对校园欺凌的重视程度，严格干预校园欺凌，形成良好的干预氛围，强化对教师干预信念和行为的影响。（2）加强对教师的培训教育，促进教师了解校园欺凌的类型与发生机制，纠正教师对校园欺凌的认知偏差；创造条件鼓励教师参加培训，增强教师的辨识和处理能力，提高其干预信念。加强教师的干预行为，教师需要有机会练习干预欺凌的技能，学习成功的干预经验，及时接触有效的预防信息，这一切都需要加强对教师的培训。

　　不同类型的教师干预行为受外部环境的影响路径存在差异，教育行为更多受到学校考核要求，会受学校干预氛围的直接影响，干预信念起到部分中介作用。但是教师的关注行为是教师自愿、自主性的行为，受到干预信念的直接影响，学校干预氛围往往通过对教师内在干预信念产生影响后，对教师关注行为产生影响。因此在对教师为主体的校园欺凌干预的过程中，既要重视从外部环境层面着手，刺激鼓励教师对校园欺凌的干预，也要重视对教师个体内在心理的引导，加强其内在干预信念，实现教师自主性干预。

第 六 章

校园电信诈骗案例分析及安全
教育优化对策

目前，持续高发的电信诈骗案件已成为影响校园安全的突出问题。犯罪分子利用在校学生对风险感知偏低、情绪稳定性较差、处世经验不足等特征实施诈骗，使得学生遭受经济损失，严重者影响学生心理健康甚至引发人身伤害事件。尽管政府、公安部门、各类院校与社会各界力量以多种形式积极开展形式丰富的安全教育活动，并通过自上而下的正式制度安排，提高在校学生的安全防范意识、预防安全风险。但随着科技的发展，诈骗技术不断更新，发生在校园内的电信诈骗案件依然屡见不鲜。为了更好地开展防范工作，有关部门不仅要关注到校方和各类相关部门制定的正式制度，提升"以学生为中心"的风险沟通意识，同时，还需从在校学生的角度出发，深入了解其遭遇电信诈骗时的心理状态和风险感知降低的原因，依此提出可行的、有助于应对各类动态变化的电信防诈骗安全教育优化对策。

本章第一节梳理了目前我国校园电信诈骗案件的现状，并总结了校园内常见的反诈教育内容和形式；第二节使用 Nvivo 12 软件，基于扎根理论，对 L 大学的 10 起典型电信诈骗案例进行分析，研究在校学生在遭受电信诈骗时风险感知降低的情境和原因；第三节结合研究结果，提出正式制度与非正式制度相结合的校园防诈教育优化对策。

第一节　校园电信诈骗情况概述

本节首先梳理我国校园电信诈骗案件的现状；其次，结合实际，对校园防控电信诈骗教育的常见的各类举措进行归纳。

一　校园电信诈骗案件现状

《最高人民法院、最高人民检察院、公安部关于办理电信网络诈骗等刑事案件适用法律若干问题的意见（二）》（法发〔2021〕22 号）中认为，电信诈骗（也称"电信网络诈骗"）是指以非法占有为目的，利用电话、短信、互联网等电信网络技术手段，虚构事实设置骗局，向不特定多数人实施远程非接触式诈骗，骗取公私财物的犯罪行为。① 电信诈骗一词发源于我国台湾地区，并于 2004 年前后传入大陆。随着时代的变迁、科技的进步以及犯罪组织结构不断完善、犯罪手段不断更新，此类案件侦破难度不断增大，对全社会造成的危害也在持续加深。② 据公安部发布的数据，如图 6 - 1 所示，近三年来，全国电信诈骗案件破获数、抓获犯罪嫌疑人数量均呈现快速上升的趋势，以电信诈骗为代表的新型犯罪已成为上升最快、群众反映最为强烈的突出犯罪形式。

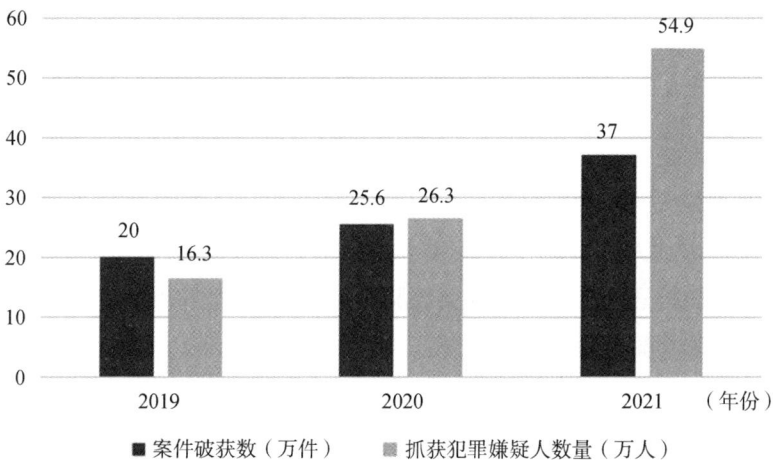

图 6 - 1　近三年来全国电信诈骗案件破获数、抓获犯罪嫌疑人数量

---

① 韩胜兵：《电信诈骗犯罪的起源、特点及防治》，《中国刑警学院学报》2013 年第 2 期。
② 孙少石：《电信诈骗犯罪及其治理研究》，博士学位论文，中南财经政法大学，2018 年。

从受害者年龄结构来看，如图 6 – 2 所示，腾讯发布的《2021 年电信网络诈骗治理研究报告》中提到，20—29 岁的受害者占 41%，20 岁以下的受害者占 18%，当下在校学生的年龄层次普遍分布在这两个年龄段之间。

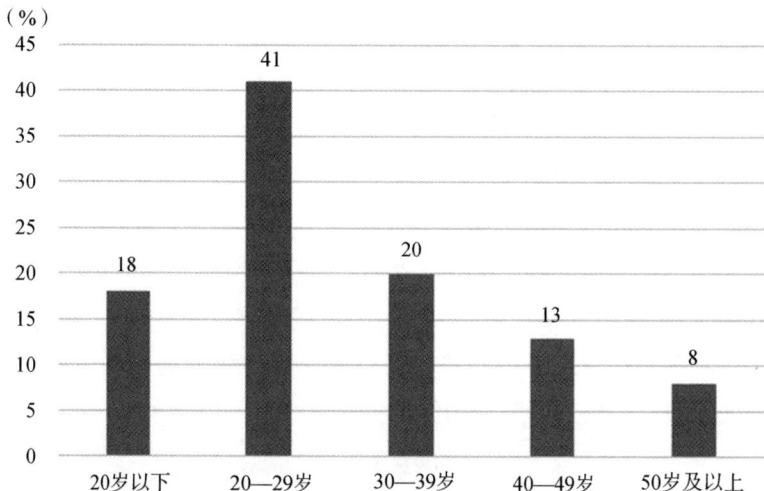

（%）

图 6 – 2　2021 年电信诈骗受害者年龄占比

作为网络空间的"原住民"，"90 后""00 后"在校学生的生活方式、思维方式已高度网络化、信息化、数字化。在享受互联网技术为生活带来快乐、为学习工作带来便利的同时，由于个人信息的无意泄露，加上自身防护意识欠缺以及社会经验不足等原因，① 在校学生成为不法分子实施电信诈骗的重点关照群体。

2021 年 9 月，新浪数科等单位通过问卷调研、访谈的形式，结合微博平台大学生金融欺诈数据对全国 2400 余名大学生的金融行为理念和金融欺诈现状展开调查，并发布《大学生金融反欺诈调研报告》。其中，近半数被试表示自己或身边的人经历过电信诈骗。在经济损失情况调查中，如图 6 – 3 所示，损失 1000 元以下的占 27.5%，损失 1000—2000 元的比

---

① 骆郁廷、骆虹：《论大学生网络谣言辨识力的提升》，《思想理论教育》2020 年第 3 期。

例最大，占 28.10%，损失 2000—5000 元的占 20.30%，损失 5000—10000 元的占 12.20%，损失 10000—20000 元的占 4.90%，损失 20000 元以上的占 2.70%，其中还有极少部分受害者损失在 10 万元以上。

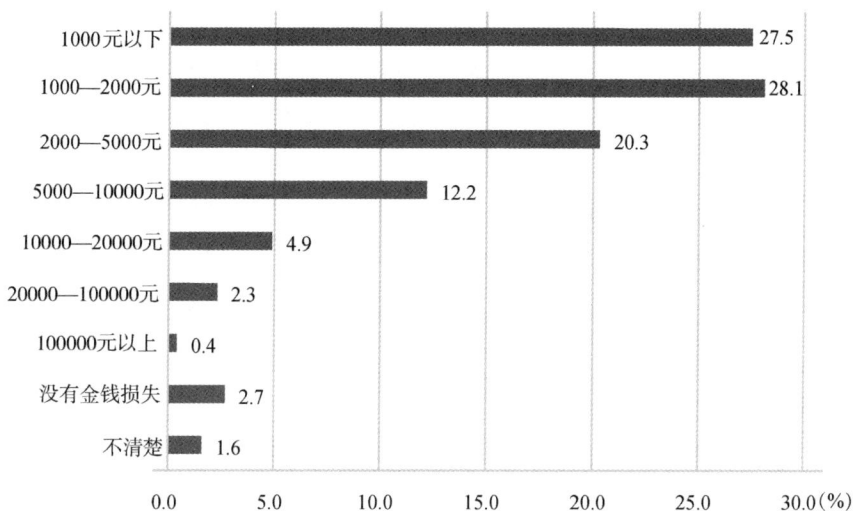

1000元以下	27.5
1000—2000元	28.1
2000—5000元	20.3
5000—10000元	12.2
10000—20000元	4.9
20000—100000元	2.3
100000元以上	0.4
没有金钱损失	2.7
不清楚	1.6

图 6－3　受害者损失情况统计

基于常见的校园电信诈骗实施手段，本节结合校园电信诈骗防控工作的研究现状、实际经验以及国家反诈中心制定的《防范电信网络诈骗宣传手册》，将其分为身份冒充类诈骗、刷单返现类诈骗、网购类诈骗、投资借贷类诈骗四个大类，具体情况如下。

1. 身份冒充类诈骗

假冒他人身份诈骗是最为常见的电信诈骗形式之一，主要有冒充亲友熟人诈骗、冒充公共服务部门诈骗两个大类。

（1）在冒充亲友熟人诈骗中，不法分子通过直接冒充或是"猜猜我是谁"等方法展开诈骗。直接冒充是指不法分子在盗取公众网络通信工具中的个人资料、账号、密码等信息后，冒充该用户并以各类紧急事件或是遇到经济困难为由，基于其关系网络展开诈骗。而"猜猜我是谁"的诈骗手段是指不法分子随机打电话"钓鱼"，由受害人猜测其身份并对号入座"上钩"，借此机会以假扮的熟人身份"出事了"急需资金为由实施诈骗。

（2）在冒充公共服务部门诈骗中，不法分子冒充政府、公检法、银行等公共部门机构工作人员与各级领导，或冒充学校保卫处老师、辅导员老师、研究生导师，利用受害者对此类特殊身份关系的心理认知，称受害者涉及了各项事由（如犯罪刑侦的某个环节、身份信息需要修改、业务出现错误、同学或家属发生意外、领导或老师需要转账等事件），在取得信任后引导受害者开展一系列转账操作，最终使其蒙受经济损失。

2. 刷单返现类诈骗

刷单返现类诈骗一般以"兼职中介""网络兼职刷单"等形式为包装，主要面向在校学生这类没有固定收入、没有工作经验的人群展开。不法分子在网络上发布"足不出户，日进斗金""简单操作日赚××元"等虚假招聘广告，在学生"应聘"成功后开展"业务"。被害学生在完成头几单后，不法分子会发放一些佣金作为"甜头"，进一步骗取受害者信任，接着以"刷满××单才能提现""刷够流水才能提现"等为由要求被害学生自主垫款刷单。最终，受害学生投入了大量资金，不法分子在将这部分资金据为己有后便将对方删除或拉黑，从此销声匿迹。

实际上，刷单本身就是违背法律的商家不诚信行为，以刷单为由的"招聘"更是无稽之谈。学生出于对金钱的渴望，往往被虚假广告和初期的"工资"吸引而入坑，最终遭受经济损失。

3. 网购类诈骗

对当代在校学生而言，从学习、生活、娱乐用品到各类服务的购买都可以在网络平台实现，可以说，网购已成为校园生活的重要一环。网购过程涉及平台、买家、卖家、商品、物流、售后等大量相关信息，不法分子可能利用过程中泄露出来的真实信息或直接编造虚假信息迷惑受害学生，从而达到诈骗目的。常见的手段有虚假交易诈骗、虚假客服诈骗、游戏交易诈骗三类。

（1）虚假交易诈骗

由于学生群体缺少固定收入，且存在一定虚荣心、攀比心以及对部分物品的渴望，不法分子在社交媒体、网购平台上发布贴有"原厂直销""清仓甩卖""二手九成新"等标签的低价产品，用以吸引关注。当与受害学生取得联系后，不法分子一般会要求私下添加联系方式并商讨买卖、转款、扫码等交易事宜，在双方"达成共识"、受害学生预付账款后将其拉黑。更有甚者，在收到转账后，编造收取运费、物流出现问题、货物遭到扣押等理由，进一步提出收款请求，受害学生出于对对方的信任及沉没成本，往往会选择转账，最终在支付款项后即遭不法分子拉黑。

（2）虚假客服诈骗

如前文所述，用户网购过程中涉及诸多过程与主体，会产生大量数据，且这些数据存在着很强的泄露风险。在不法分子通过各种途径获得这些带有买家个人信息数据后，会以购物平台、物流公司官方或客服身份主动联系买家，以网购流程出现问题、付款错误、平台升级、缺货并通知"可以操作取消订单再申请退款"、出现突发情况需要改签机票等理由，或是以冒充公安机关称快递"涉及毒品"或"疑似洗钱"的方法，诱骗受害大学生按照"流程"开展"退款""赔付"或"澄清""协助调查"事宜。一般情况下，不法分子会发送虚假受理平台网站链接、付款码等，并要求大学生输入各种数字或个人信息，其实就是诱骗其输入转账的对象、金额和验证码等内容。

（3）游戏交易诈骗

电子游戏作为在校学生课余时间重要的娱乐消遣方式，其中也充斥着大量的消费行为。而游戏账号、游戏货币、游戏装备等作为非常特殊的信息商品，除官方主导的购买模式之外，用户间进行私下交易存在着诸多问题，如物品价值难以界定、市场风险大、管理难度大、监管法律落后等，这也导致整个交易过程充满着不确定性。

不法分子一般会以"着急出售""内部代码""纯人工打造装备"的低价物品为幌子吸引受害学生，也会通过各种途径主动联系正在出售各类游戏物品的学生，最终通过编造"押金""定金""注册费""解封费""转服费"为理由等方法，直接或间接向其发送非法链接及收款二维码骗取钱财。

4. 投资借贷类诈骗

学生正处在消费观、投资观、理财观等观念的形成期，欠成熟的思想、有限的财力与对物质的渴望之间形成矛盾，为各类"校园贷"平台、虚假投资理财类平台的"钓鱼"行为提供了可乘之机。常见的投资借贷类诈骗分为投资类诈骗、借贷类诈骗以及最新的注销"校园贷"诈骗。

（1）投资类诈骗

不法分子一般会在网页、社交媒体或通过短信发布各类虚假投资理财信息，以外汇、期货、股票、基金、虚拟货币及各类投资项目吸引受害者。在校学生出于好奇或对金钱的渴望与之进行联系后，不法分子会主动或引导"专家""导师"通过"课程"向被害学生讲解投资、理财相关"知识"，或以掌握"内部消息"自居，诱骗被害学生登录虚假投资网站、App。在被害学生初步投资取得利润，建立信任后，不法分子引导其不断投入高额资金，最终以"无法提现"或"投资亏损"等理由卷走资金并将受害者拉黑。

无独有偶，当前全社会案发相当频繁的"杀猪盘"也是通过此类"投资"方法进行诈骗。不同的是，"杀猪盘"中，不法分子首先在交友软件中伪装身份与被害人进行联系，在摸清被害人基本情况、兴趣爱好后，秉持着投其所好的原则进行深入交流，在取得对方信任后开始引导投资骗局，这一过程称为"养猪"。在诱骗对方投入大量资金后卷款消失，这一行为俗称"杀猪"。诸多"90后""00后"学生喜爱尝试新鲜事物，喜爱在"同好群""老乡群"等各类圈子中，或是在主打陌生人聊天、社交的 App 内广泛交友，这些行为为"杀猪盘"的实施创造了空间。

（2）借贷类诈骗

传统的借贷类诈骗往往以"秒到账""无抵押""资格审核快""不扣利息"等内容为标题，吸引学生下载相关"校园贷"App 或登录网站，"轻松"获取贷款。在正式取得贷款前，不法分子一般会获得学生个人信息及周边亲属、同学、老师等人的联系方式以作"担保"，在其申请贷款后，以需要"手续费""保证金""流水费""解冻金"等形式持续收取额外费用。更有甚者，在其基础上仍不满足，不断增加利息、收紧还款期限，甚至以学生个人信息、人身安全等作为威胁。最终，被害大学生往往损失远多于贷款数额的资金，或使得自己与身边人受到不法分子的各类威胁、言语侮辱、人身攻击。情况严重时，可能导致受害者患精神疾病，甚至威胁到人身安全。

除此之外，以考研/考证辅导、就业指导、投资理财等"培训班"形式开展的新型借贷类诈骗也值得注意。不法分子利用学生对各类培训班、补习班的需求，发布虚假课程信息，并开出高价学费。当学生明确表示受经济条件限制，不能够支付时，不法分子会提出可以贷款，只需要垫付部分金额即可。与前述情况类似，受害学生最终一步步掉入贷款陷阱中。

（3）注销"校园贷"诈骗

此类诈骗形式是衍生于借贷类诈骗的新形式。不法分子利用大学生对"校园贷"等类型的不良贷款的忌惮心理，冒充网贷、互联网金融平台工作人员，称受害者先前开通诸多非法贷款，不符合政策要求，只有按照流程将其进行注销才可以不影响个人信用。接下来，不法分子引诱受害学生在"违规贷款记录"的平台注册账号，并称需要将平台显示数额的金额先转至指定的"官方平台"予以核销后再将其返还。最后，在受害学生完成转账工作后，"客服"或"工作人员"会直接将其拉黑或删除。

二　校园防范电信诈骗教育开展情况

目前，校园防范电信诈骗教育工作以学校为主导，与政府、公安部门、社会力量等主体联合开展。在实际工作中基本实现全年覆盖。特别是，在每年的开学季、毕业季、春节、劳动节、国庆节等法定节假日、"6·18""双11""黑色星期五"等购物类活动期间、突发事件（自然灾害、社会事件、公共卫生事件等）期间等特殊时间段的力度会更大。形式上，通过多种方法结合，对学生进行防范电信诈骗知识的灌输并时常辅以提醒，或是直接提出各种约束要求。具体而言，一般分为宣讲教育类、宣传普及类、综合活动类三个大类。

1. 宣讲教育类

宣讲教育类工作主要通过通知提醒、课堂讲授、主题讲座等形式开展，是最为主要、最为直接的手段。学生在这一类教育形式中往往属于内容的被动接收者。

通知提醒一般由任课教师、班主任、辅导员在线下或通过 QQ、微信等网络平台发布、转载相关的消息、通知、新闻、文件、学习资料等，要求学生阅读、学习，或根据要求执行相关操作，如下载"国家反诈中心"App、在各类安全保护软件上注册账号等。

课堂讲授则分为校园安全类通识课程与教师在日常课堂的提醒两类。

高校教研组会在线上平台或线下开设计入学分的安全教育类通识课程，如《安全微课》《校园安全教育》《防范电信网络诈骗专题微课》等。各类课程的任课教师在进行讲授时，也会将个人安全保护、信息安全保护、防范诈骗行为等知识融入课堂，根据教学内容，适当结合、穿插相关案例，或适时进行提醒。

主题讲座一般由校方组织，邀请学生处、保卫处或从事相关研究的教师，或是邀请公安部门、反诈部门工作人员以及相关学生组织、社会组织等，在线上或线下进行宣讲，辅以问答、活动等互动环节，增强内容的丰富性。主题讲座面向的范围较广，面向的学生数量较大，具有很强的科普性。

2. 宣传普及类

宣传普及工作主要通过图文宣传以及多媒体宣传形式展开，依托现实场景或新媒体平台进行传播。学生学习的自主性较强，可以选择在不同时间、空间开展。

校园中的反诈骗宣传在现实场景中，常见于教学楼、办公地点、图书馆、餐厅、宿舍、路牌等各个地点，通过形象的图片、漫画，配以各类直白、易于记忆的顺口溜、标语，如"陌生电话不牢靠，寄钱汇款是圈套""噩耗传来勿慌张，三思确认防被欺""陌生人发来的二维码一律不扫，陌生人发来的链接一律不点"等；或是录制宣传视频、制作宣传动画，将典型案例、防诈标语嵌入其中，在学习生活场所中的电子屏幕播放，以时刻提醒着学生保持警惕，提高反诈骗意识。

网络平台的反诈骗宣传，依托了新媒体平台的信息获取优势，使学生可以方便、快捷地利用碎片化的时间进行学习。校方、学生组织、公安、反诈机构通过在微信、微博等平台制作推送，或在"抖音""快手""哔哩哔哩"等视频平台制作创意短视频进行发布，内容往往集教育性与娱乐性于一体，可以有效传达更大信息量。同时，借助新媒体平台传播速度快、范围广的特征，优秀内容可以得到更好的传播效果，最新案例、前沿理论也可在第一时间向大众普及。值得注意的是，目前，包括主播、公众人物、各大企业在内的各类社会力量动用个人或组织影响力，也通过新媒体平台参与防诈骗宣传工作，成为新晋的重要力量。

3. 综合活动类

综合活动类工作的开展形式多种多样，由校方统一或由学生群体自主开展组织，学生是参与其中的重要主体。活动突出创意性、趣味性，与当期流行的大众文化、娱乐方式高度相关。目前常见的如：

防诈骗知识竞赛，在线上通过小程序，或设计答题游戏，在线下组织答题或知识竞赛并根据排名给予参与者宣传与奖励。

防诈骗征文、海报设计活动，刺激学生发挥个人才能、发挥想象力、发挥创意，也便于校方集思广益，更好地开展工作。

防诈戏剧文化节，鼓励学生通过为大众所喜闻乐见的舞台剧的形式进行公开表演，具有较强的艺术综合性、内容直观性，具有丰富的内涵和仪式感，吸引广大师生关注。

综合活动在统一的组织平台中，强调多主体的共同参与，很好地引领学生发挥主观能动性，广泛凝聚智慧，促进防诈骗知识的宣传以及安全文化的构建。

第二节　校园电信诈骗多案例分析

尽管国家各部委办局及下辖机构针对安全教育推出了大量正式制度、付出了很多努力，但是校园电信诈骗案件依然时有发生。究其原因，一方面是由于学生对电信诈骗风险仍然不够警惕，即所谓"强教育"遇到"弱感知"；另一方面，随着技术不断迭代，传统的"劝说"式的、自上而下的安全教育模式发挥作用的空间也将会越来越有限。[1] 为了回应这一现实困境，从理论层面提出可行的创新思路，首先就需要深入了解学生在遭受电信诈骗过程当中的所思所想，剖析学生在遭受电信诈骗时风险感知降低的情境及深层原因。由此，本节采用扎根理论的研究方法，对 L 大学发生的 10 起典型电信诈骗案件进行研究。

---

① 许倩：《强教育与弱感知：高校安全教育中正式和非正式制度对大学生风险感知的影响——基于电信诈骗的多案例研究》，《广州大学学报》(社会科学版) 2022 年第 2 期。

一 案例分析的理论基础

1. 正式制度与非正式制度

新制度经济学代表人物道格拉斯·诺思将制度划分为正式制度与非正式制度，他认为正式制度是由专门的强制机构和权威组织制定与推行的，为解决合作中的问题，采取外在的惩罚和措施保障，从而实现组织共同目标的行为准则和制度安排；非正式制度是与正式制度相对应的，社会共同认可的不成文的行为规范，包括风俗习惯、价值观念、道德观念等无形的约束规则。诺思认为，即使在发达的经济体系中，正式制度也只能决定人们行为选择的一小部分，人们行为选择的一大部分是由非正式制度激励和约束的。① 龙长海指出，正式制度若要在实践中发挥作用，要依靠非正式制度的支撑。② 可见，制度研究不仅要关注正式制度的制定与运行，还需要关注非正式制度层面的影响。

目前，我国学者通过非正式制度对各类组织管理进行研究的内容主要集中在中国传统文化背景下的人情社会、社会信任环境，以及基于不同组织内部的行为习惯与文化等因素对组织的人际关系、经济效益、管理有效性、制度变迁等领域的影响。如阳镇等基于中国六次大规模全国私营企业抽样调查的地区关系文化指数与世界银行中国制造企业微观调查数据发现，地区关系文化作为一种非正式制度，可以在一定程度上驱动企业的双元创新；③ 李粮研究发现，以企业所处地区的社会信任水平和企业文化的传统性程度为代表的非正式制度越完善，越容易造就工作奉献型员工或是通过人际促进来实现道德面子类型的员工；④ 张振洋通过引入非正式制度的概念，基于历史制度主义的思路针对苏南地区某村的"香烟钱"制度的演变进行案例研究，揭示了制度变迁的个体动力，提出

① ［美］道格拉斯·诺思：《制度、制度变迁与经济绩效》，杭行译，格致出版社、上海三联书店、上海人民出版社 2008 年版。

② 龙长海：《信任困局的破解路径：中蒙俄经济走廊建设的非正式制度供给与软法合作》，《求是学刊》2019 年第 4 期。

③ 阳镇、陈劲、凌鸿程：《地区关系文化、正式制度与企业双元创新》，《西安交通大学学报》（社会科学版）2021 年第 5 期。

④ 李粮：《同事关系与企业高质量发展——基于非正式制度视角的研究》，《经济问题》2021 年第 9 期。

制度变迁为精英行动与公共资金用途改变的中介机制。① 此外，如果日常风险缺少了制度和机制的有效约束，有关组织和个体的风险治理能力将急剧下降。②

现在针对校园安全教育的研究多是在"正式制度"的框架下展开的，即学校通过发布规章制度、开展多种形式的课堂教育等"正式手段"，自上而下地对学生的行为、思想提出要求与约束，并未将安全文化等非正式制度纳入学校安全教育制度的整体框架之中予以审视。

2. 高校安全教育与安全文化

安全教育即根据人们生产生活实践经验的累积和认知发展，引导人们认识周围环境中潜在的危险，提高其对危险的预见能力和保护自身安全的能力，减少意外伤害的发生，所进行的一系列教育活动的总称，应该包括法制教育、道德伦理教育、意识教育、知识教育、技能教育等内容，通过课堂、宣传、实践等多种方式展开。目前，与高校安全教育相关的研究多集中在实验室安全、人身安全、意识形态安全、网络安全等领域，对电信诈骗防控方面的教育未形成体系化研究。

高校安全文化衍生于安全文化，是校园文化的重要组成部分，是高校在长期的办学实践中，为保障师生员工的生命财产安全而形成的安全物质财富和精神财富的总和，具有导向、育人、创新和保护的功能，对培养师生员工的安全意识和安全行为有着潜移默化的作用。③ 葛冬冬提出，大学生的安全教育要以文化素养培育为落脚点，进行安全教育的目的是要将安全的相关理念渗透大学生日常学习生活的方方面面并内化为一种人文精神的自觉追求，高校安全文化的构建是高校安全教育的重要目标，对高校安全水平的提高具有重要意义。④

对于高校安全文化的研究主要集中在教育体系的建设、评价指标体

---

① 张振洋：《精英自主性、非正式制度与农村公共产品供给——基于"香烟钱"制度的个案研究》，《公共管理学报》2019 年第 4 期。

② 张乐、童星：《日常风险治理的安全网与结构洞——基于天津港 8·12 事故的案例分析》，《社会科学研究》2019 年第 5 期。

③ 冉景太：《高校校园安全文化建设评价研究》，《未来与发展》2020 年第 7 期。

④ 葛冬冬：《"全人发展"教育理念下大学生安全教育探索》，《北京教育》（高教版）2008 年第 1 期。

系的构建层面。高校安全文化由理念文化、制度文化、行为文化、物质文化构成。安全理念文化是一系列诸如风俗习惯、行为准则等方面的总和，能够对社会发展起到规范、导向和推动的重要作用，[①] 校园安全文化的构建对于研究将要讨论的校园电信诈骗具有重要意义。

3. 电信诈骗与风险感知

由于电信诈骗通过移动电话、互联网等方式，编造虚假信息，设置骗局，对受害人实施远程、非接触式诈骗的犯罪行为，存在着跨时空、不接触等特殊性。目前，对于校园电信诈骗的研究主要集中在诈骗形成的原因与防控策略两个领域。

从形成原因来看，研究表明，当学生进入生活环境较为自由的大学后，由于学业、学生工作、社交、娱乐等需要，使用手机、电脑频繁，个人信息泄露风险大，加之普遍具有对社会充满好奇、价值观与心理不稳定、处世经验不足、防范意识与法律意识薄弱、存在侥幸心理、容易轻信他人等特点，为不法分子实施诈骗提供了条件。[②] 不法分子以诱骗刷单、冒充政府机关或企业领导、冒充好友或熟人、虚假购物、虚假投资借贷等多种形式行骗。

对于犯罪分子来讲，电信诈骗风险小、收益高。除去科技、作案手段不断发展等原因，多数校园电信诈骗案还有涉及金额小的特征。多数受害者因认为损失数额不大、报案成本高以及耻于将经历公之于众，校园电信诈骗报案率也呈现较低的情况，这也进一步为犯罪分子将目标场所选择在校园中提供了机会。[③]

赵雷等发现，正是因为行骗者深谙受骗者的心理，利用青年受骗者普遍具有直觉性的思维方式、冲动型的决策风格、一般信任水平高和情绪控制力差等特征，通过建立初步信任并一步步诱使受害者上钩。[④] 许倩

---

① 浦天龙、良警宇：《我国应急产业发展的制度构建》，《甘肃社会科学》2021 年第 5 期。

② 陈毅、张志扬、刘梦伟：《高校师生网络电信类诈骗案件防范研究》，《法制博览》2020 年第 33 期。

③ 闫家进：《大学校园网络诈骗事件的预防及对策研究》，硕士学位论文，山东财经大学，2018 年。

④ 赵雷、黄雪梅、陈红敏：《电信诈骗中青年受骗者的信任形成及其心理——基于 9 名 90 后电信诈骗受骗者的质性分析》，《中国青年研究》2020 年第 3 期。

提出大学生的启发式风险感知空缺，往往是对有记忆启发的风险感知强烈，对记忆模糊或者没有记忆的风险感知缺失，因此安全教育对学生的风险感知是有作用的。① 针对校园电信诈骗的防控策略的研究则侧重对政府、学校、公安、社会等多方进行呼吁。姚东升等认为，需要公安、校方、社会等齐心协力，深化校园反诈队伍建设，优化防范打击合成战力。②

尽管校园安全教育的理论已相当丰富、实践方面的覆盖面也很广，但是从受骗者的风险感知角度切入的研究鲜见，这使得安全教育研究的针对性和实效性不强。本研究分析多案例的具体受骗过程和风险感知情境，旨在回答"是什么"和"为什么"的问题，借助访谈资料的逐层归纳可以总结出影响主体行动的主范畴及其内在关联，以正式制度和非正式制度来考察校园安全教育的相关手段来分析其影响和效果。

二　案例研究设计

本研究依据 2021 年 1 月至 9 月间的报案记录，采用多案例的研究思路，对涉及 L 大学的 10 个电信诈骗案例进行质性分析。研究者在征得受害大学生本人同意的情况下开展深度访谈，并使用 Nvivo 12.0 软件对访谈资料进行编码，寻找案例中安全教育的正式制度和非正式制度对大学生风险感知的影响，通过抽取概念、提炼范畴并分析相关关系和因果关系，构建正式制度和非正式制度融合互补的校园安全教育的理论框架。

质性研究方法借鉴了扎根理论的基本思路，强调从质性资料中抽取理论，通过编码、分析和提炼，形成概念、范畴和类别，找出核心关联。③ 由于本研究中多案例分析的数据来源是访谈资料，因此使用 Nvivo 12.0 这一适用于定性研究、混合方法研究的软件，借助其强大的质性编码功能，分析访谈资料这类非结构化数据中的信息关联性。

① 许倩：《构建"以学生为中心"的高校风险沟通新模式》，《高校学生工作研究》2021年第 7 期。
② 姚东升、邬宏伟、沈彦骅：《"校园无诈"何以可能？——高校电信网络诈骗打击防范困境破解》，《武汉公安干部学院学报》2020 年第 2 期。
③ 陈向明：《社会科学中的定性研究方法》，《中国社会科学》1996 年第 6 期；陈向明：《扎根理论在中国教育研究中的运用探索》，《北京大学教育评论》2015 年第 1 期。

1. 研究方法与案例选取

在多案例研究范式中，4—10 个案例被认为是可以用来分析并构建理论的案例数量。[①] 本研究在前文划分的常见电信诈骗类型的基础上，根据 L 大学中的实际工作情况，选取了 10 个典型案例。表 6 - 1 为研究选取案例的基本情况，包括研究对象、所在年级、诈骗手段、财产损失等。

表 6 - 1　　　　　　　　　　研究选取的案例基本情况

研究对象	所在年级	诈骗手段	财产损失（元）
小 A	大一	冒充熟人	3600
小 B	大二	刷单返现	12200
小 C	大三	刷单返现	40000 余
小 D	大二	冒充银行	43000 余
小 E	大四	购物客服	3000
小 F	大二	冒充熟人	14000
小 G	大三	冒充熟人	10000
小 H	大二	冒充熟人	500
小 J	大二	冒充银行	14000 余
小 K	大一	购物客服	10000

需要说明的是，案例中的受骗大学生必然存在着家庭教育、专业背景、个人经验等某些个体差异，这些差异是否影响了在电信诈骗过程中研究对象的风险感知，还有待研究。但是，前文梳理的相关研究成果表明，安全教育对大学生风险感知的影响、个体的差异等因素也有可能受到安全教育的影响而改变，所以不同个体的电信诈骗案例选取不会影响本研究的结论，同时本研究也是采取了多样性和典型性的案例选取原则。因此本研究中仅对不同的诈骗手段、不同的安全教育途径等外部因素进行考察，对于个体差异的影响将在今后的工作中继续研究。

---

① M. Kathleen, Eisenhardt, et al. , "Theory Building from Cases: Opportunities and Challenges", *The Academy of Management Journal*, Vol. 1, 2007.

2. 数据收集与处理

（1）数据收集

本研究根据选取的 10 个案例，在受骗学生本人知情同意的情况下进行半结构化的深度访谈，同时辅助收集了 L 大学和每个访谈对象所在学院在电信诈骗防范方面开展的安全教育以及相关工作的总结报告、谈话记录等数据。跟踪访谈从 2021 年 1 月持续到 10 月，访谈对象 10 人，共计访谈 35 人次，每位受访者的深度访谈次数为 2—5 次，访谈的主要内容包括围绕回忆受骗的整个过程、风险感知逐渐降低的情境、校园防诈教育对其的影响等；再依据这些访谈资料，用 Nvivo 12.0 软件进行编码分析。

（2）数据处理

本研究灵活运用了三大扎根理论的编码要求，对 L 大学 10 个案例的访谈数据进行了 3 个切片式的编码，分别是：大学生风险感知降低原因、安全教育中的正式制度、安全教育中的非正式制度。每个切片都用 Nvivo 12.0 软件对自然语言进行了两轮编码，例如大学生风险感知的原因。经过开放性编码，总结出轻信熟人、贪婪心理、后知后觉、不知被骗、同情客服、不能自拔、以身试骗、轻信熟人、忽略提醒、自以为是 10 个初始范畴。对初始范畴进行第二轮编码，进一步归纳、提炼出自我效能型、应激反应型、得寸进尺型和光环效应型四类大学生对电信诈骗风险感知降低的情境。

首先，在开放性编码阶段，对每一个案例的访谈资料都进行了实质性编码，通过资料的概念化和范畴化，对资料进行了重组和分类，获得一级编码 215 个，并通过软件修正和优化，最终选取了 65 个概念标签。其次，在第二轮编码中，采取主轴性编码梳理概念和初始范畴之间的关联，提炼和归纳了更核心的类属。由于本研究运用扎根理论分析了访谈材料，让其蕴含的编码和概念自然涌现；同时结合了 10 个案例的工作总结报告资料，考虑到两轮编码已经达到理论饱和度的检验要求，即进入结果分析和理论建构阶段。

三 案例分析结果

1. 正式制度与大学生风险感知的错位

（1）基于大学生风险感知降低情境的分析

基于现有的 10 个访谈案例，从案例的多样性和典型性原则出发，对受骗过程中大学生的风险感知降低的原因逐级编码。分析得出，受到电信诈骗的大学生案例可划分为自我效能型、应激反应型、得寸进尺型和光环效应型四种类型。编码示例如表 6-2 所示。

表 6-2　　　基于大学生风险感知降低情境的访谈资料编码示例

访谈对象	访谈资料原始文本	开放编码风险感知降低原因	二次编码类型划分
小 A	室友给我推荐了一个微信号，加了以后对方推荐"友信"App，然后我通过刷单返现的方式被诈骗3600元	轻信熟人	光环效应型
小 B	做完任务后连本返还764元，发现本金和佣金都能提现成功。尝到甜头后，又加大了充值金额	贪婪心理	得寸进尺型
小 C	直到最后数额超大，才意识到是诈骗	后知后觉	应激反应型
小 D	对方将我拉入腾讯会议，通过视频验证身份，让我输入了一串数字，然后又以"激活银行卡"为由，又输入一串"指令码"，后来才知道那些数字都是转账金额	不知被骗	得寸进尺型
小 E	客服反复跟我说如果不帮忙操作撤回订单，她就要被扣钱，我就考虑帮她个忙	同情客服	应激反应型
小 F	想着转过去1000多元了，就按照对方的要求继续转账，最终多次被诱骗，转账14000元	不能自拔	应激反应型
小 G	一直不可思议人们会被骗，当这个电话打来，我就知道是骗子，第一次转账200元后，觉得不会被骗的，结果又打了500元过去	以身试骗	自我效能型

续表

访谈对象	访谈资料原始文本	开放编码风险感知降低原因	二次编码类型划分
小 H	当时没想就同意了，然后把邮储银行卡号给了高中同学"陈路"	轻信熟人	光环效应型
小 J	接到第一个电话时，防诈骗软件就提醒有诈骗风险，我并未在意	忽略提醒	自我效能型
小 K	接到诈骗电话，自称为淘宝店客服，说因为客服误操作为我办理了会扣费的业务，需要我本人确认，我当时认为这就是正常操作	自以为是	光环效应型

第一，自我效能型。

自我效能理论是班杜拉社会学习理论体系的重要组成部分之一，自我效能是指个体应对或处理内外环境事件的经验或有效性。[①] 在相关案件中，自我效能感强的个体因认为自身对诈骗发生的情境、犯罪分子的手法足够了解，对可能发生电信诈骗的情况有所警觉、有所判断，认为该类事件不会轻易发生在自己身上，即使发生，也拥有足够的能力来进行后续应对。然而，分析发现，较强的自我效能感有时也会导致学生对风险的感知能力、判断能力的降低，对电信诈骗情境的判断与防控产生副作用。

例如访谈对象"小 J"提到："接到第一个电话时，防诈骗软件就提醒有诈骗风险，但我并未在意。"在该事件中，受害者自始至终未意识到风险，将所处情境判定为安全，且在防诈骗软件发出提醒后选择忽略，继而一步步跟随不法分子的指引，最终损失超过10000元。不难看出，由于该同学具有较强的自我效能感，一方面认为电信诈骗不会轻易发生，另一方面坚信自身的判断与把握，没有及时识别风险，导致意外发生。访谈对象"小 G"则因"不相信有人会被骗"，在明知接到诈骗电话后，

---

① 高申春：《自我效能理论评述》，《心理发展与教育》2000年第1期。

出于好奇，在认定"自己是不会被骗的"的情况下，选择试探性地先向对方支付少量金额，随后在不法分子的指引下继续支付，最终意识到损失已无法挽回。同样，该受害者也是因较强的自我效能感驱使，在认为对局面有足够的掌控力、对可能发生的后果有足够的解决能力的前提下，由于好奇心作祟，决定"以身试骗"，最终掉入陷阱。

从该类型的受骗案例可以看出，尽管各大院校在高强度地普及反诈骗教育，但因为学生的人格特质各有不同，甚至可能出现部分受到反诈骗教育的学生由于自我效能感过强，认为自己对局面的掌控能力强、不会受骗，反而对防诈骗工作掉以轻心，最终导致被骗。

第二，应激反应型。

心理应激反应是个体面对新异的、不可预测的、不可控制的刺激时，或者当危险刺激超出个体承受能力，可能会对个体产生潜在伤害时所产生的一种特异性反应。[①] 这些特异反应会导致个体主观应激、负性情绪和状态焦虑水平等心理指标的增加。[②] 庄锦英提出，人们对危险情境的情绪反应经常偏离认知评估，且此种情况下情绪反应的作用往往处于主导地位，从而使得行为表现偏离常规。[③] 不法分子利用大学生易产生应激反应的特征，混淆视听，干扰受害人的风险认知与判断能力，使得受害人紧张害怕，进而失去冷静客观的判断力，诱使其上当。

不法分子往往营造出一些十分紧急或牵涉受害人利益的事件，如访谈对象"小 E"收到"客服"的"反复求助"称，如果得不到其帮助，"客服"就会受到上级的处罚，于是"还是考虑帮她一把"，遂遭到诈骗。在此种情境下，不法分子创造出一种紧急的状况，受害者在紧张、产生同情心理的情况下，情绪较不稳定，无法对当前的状况与风险产生客观、全面的评价，于是倾向于选择相信不法分子。访谈对象"小 F"则是因为被告知购买的商品所含化学成分超标，需进行理赔，但需要先向特定账户转账，在转账 1000 元后被告知转账未成功，随即继续转账，直至损

---

① J. Ian, Deary, "Measuring Stress: A Guide for Health and Social Scientists", *Journal of Psychosomatic Research*, Vol. 2, 1996.

② 任曦、王妍、胡翔、杨娟：《社会支持缓解高互依自我个体的急性心理应激反应》，《心理学报》2019 年第 4 期。

③ 庄锦英：《情绪与决策的关系》，《心理科学进展》2003 年第 4 期。

失 14000 余元。该对象则是一步步陷入不法分子设好的特定情境，逐渐失去了对风险的认知和判断能力。

这种情况并非个案。没有经历过的人可能会难以理解，产生"受害者有罪"的想法，例如"小 F"在受骗之前认为"这样也能被骗肯定不是傻就是蠢"，而这种说法又会对受到诈骗的大学生产生二次伤害。某种程度上讲，在这类诈骗过程中，受害人可以被看作受到"心理催眠"。

第三，得寸进尺型。

人际关系中的"登门槛效应"，是指一个人一旦接受了他人一个微不足道的要求，为了避免认知失调以及给他人留下前后不一的印象，就有可能接受更高一级的要求。① 不法分子在利用受害者的信任，以及贪婪、得寸进尺心理的基础上不断"登门槛"，步步推进诈骗的实施。

部分大学生由于家境因素或个人需求，会选择在课余时间进行兼职以赚取额外收入。不法分子会抓住这类需求，发布以网络刷单为主的各类"兼职"报告。由于这类"兼职"操作简单且无固定工作时间地点，很容易吸引到受害者。访谈对象"小 B"称："刚开始发现本金和佣金都能提现成功，尝到甜头后，又加大了充值金额"，最终当投入大量资金后才发觉异样，但为时已晚。显然，这类诈骗的成功实施是不法分子"登门槛"与受害者"得寸进尺"心理之间不断交互产生的结果。

随着网购平台、各类娱乐短视频平台的发展，"兼职刷单、日进500元""短视频点赞""淘宝五星好评""网络游戏推广"等所谓"就业招聘"层出不穷。例如本研究中访谈的"小 C"，就是因为初期尝到了刷单兼职获得收入的甜头，之后被要求刷够 50 单才能返现，于是他持续进行了很多次转账付款的操作，直到联系不上对方才知道被骗。此时，财产损失数额已经达到了 40000 元之多。

不法分子通过揣摩大学生急需用钱且又虚荣的消费心理来制造一种假象，通过提升额度或者伪造合同与公章等手段来博取大学生的信任，更有甚者以发展下级优惠更多为诱饵让受害者邀请亲戚朋友上钩，这样

---

① 金盛华主编：《社会心理学》，高等教育出版社 2005 年版。

使得人与人之间的信任在无形之中也会受到伤害。①

第四，光环效应型。

光环效应的作用为：评价者对整体印象的好坏，会间接影响评价者对他人某些方面的评判好坏。② 人们对他人的认知与评价会受到主观印象的影响，并在一定程度上表现出"爱屋及乌"的特征。③ 例如，在我们面对熟人、客服、权威人物等对象时，基于对这些对象过往的认知，往往会产生较高信任度，从而降低对风险的感知。不法分子正是利用这一点，仿冒或间接利用熟人、客服等特殊身份，接触受害者并实施诈骗。例如，访谈对象"小 A"听从了室友的推荐，下载了一款 App，并通过刷单返现的方式被骗 3600 余元；而访谈对象"小 K"回忆道，在接听了自称为购物网站客服的电话，对方在提出一系列需要本人确定的事件后，"我当时认为这就是正常操作"，随后在其一步步引导之下"办理业务"，最终受到经济损失。

（2）正式制度对大学生风险感知的影响

目前，从正式制度的角度来看，在危机发生时要以保护人民的生命安全和财产安全为首要任务。④ 各大院校出台校园安全管理条例、规章制度以及宣传手册、海报，同时在线上线下通过举办讲座宣传、综合活动等方式针对各类可能出现的电信诈骗类型以及应对方式，对学生进行教育，为提高学生风险感知能力提供了有利的帮助。

然而，如表 6-3 所示，通过对上述几种受骗类型的分析可以看出，由于学生的个人特质有所差异，自我效能感、情绪稳定性、贪婪水平、信任水平等诸多因素都会导致学生对风险的感知和判断产生偏误，这也是目前仅通过强化正式制度难以解决的问题。

---

① 颜志宏、陈远爱、刘诗艺：《大学生被电信网络诈骗类型、原因以及对策研究》，《法制博览》2021 年第 23 期。

② E. L. Thorndike, "A Constant Error in Psychological Ratings", *Journal of Applied Psychology*, Vol. 1, 1920.

③ 朱顺应、王淑钰、邹禾、王红：《公交信息的乘客光环效应》，《交通运输系统工程与信息》2019 年第 3 期。

④ 沙勇忠、解志元：《论公共危机的协同治理》，《中国行政管理》2010 年第 4 期。

另外，对正式制度的实施手段、实施效果等本身难以进行有效的量化与监测，过于频繁的宣传教育以及各类活动也会造成防诈活动的边际效益递减。一方面，过度的人力、物力投入会造成浪费，另一方面也可能使得在校学生产生厌烦情绪，导致各类行动最终流于形式。

同时，在面对不明境况时，学生群体若总以安全教育的素材为标准进行判断，也可能导致严重后果。例如，访谈对象"小 A"称："虽然安装了反诈软件，但是并未接到预警"，这表明校方始终强调反诈软件的功能及其重要性，但若学生对其产生严重依赖心理，甚至对电信诈骗风险的判断只以反诈软件的提醒为主，也可能造成严重的后果。

法律、规章制度以及案例集的编制总是具有滞后性，而不法分子的诈骗手段往往会不断更新，每一个供社会大众学习的"反面教材"背后都是一个或多个受害人用沉痛的代价换来的。大学生在接受电信诈骗防范教育以及应对电信诈骗时也应该注重思考、发挥主观能动性。

综上所述，对电信诈骗的防控仅仅从正式制度的角度进行研究入手是不足的，需要引入非正式制度来进行解释。

表6－3　　　　　　正式制度与大学生电信诈骗风险感知的错位

正式制度编码		大学生电信诈骗风险感知降低情景	
主范畴	副范畴	主范畴	对正式制度的反应
约束要求	管理条例	自我效能型	觉得我不可能受骗，就没有认真听过
	通知要求	应激反应型	听了安全微课和辅导员年级大会的提醒，但是在当时完全没想起来
提醒灌输	案例提醒	得寸进尺型	确实感觉是个挣钱机会，忘了老师的提醒
	教育课程	光环效应型	他在电话里说的我的各种信息都对，我信以为真，没意识到是骗我的

2. 非正式制度对大学生风险感知的补位

（1）安全教育和大学生风险感知的矩阵关系

为了进一步描述这些案例中大学生的风险感知和校园的安全教育的关系，本研究也同时访谈了 10 个电信诈骗案例中的大学生所在的学院辅导员和班主任、L 大学的保卫部和学生处等部门的工作人员，了解到高校电信诈骗防范相关的安全教育中，如前文中所述的各类基于正式制度安排的安全教育已经反复、多次、全面深入地覆盖到每一个在校学生，从大一新生入学教育到节假日，甚至在"双十一"网购高峰期、在开学缴纳学费期间、在突发自然灾害或者重大疫情等这些电信诈骗高风险的特殊节点，这些老师也都会通过官方网站、公众号、微信群、QQ 群乃至钉钉群发布官方提醒和辖区公安部门的警示，也会在线上线下的班会和年级大会等去宣讲和要求。而和这样的"强教育"形成反差的是，在本研究的多案例分析中，大学生对电信诈骗的风险感知不必然和"强教育"相关，也并没有向人们期待的方向发展，反而呈现出如图 6 - 4 所示的强弱二分的矩阵分布。

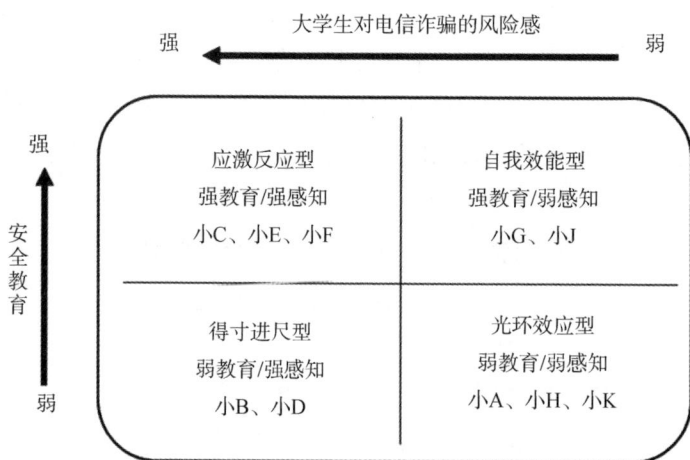

图 6 - 4 安全教育与大学生电信诈骗风险感知矩阵图

本研究总结出的大学生对电信诈骗的风险感知降低情境划分为四种，即应激反应型、自我效能型、得寸进尺型、光环效应型。从应激反应型的案例来看，小 C 等学生在不法分子"欺骗话术"的诱导下进入"不得不处理""必须得现在处理""不能告诉别人"等急迫无助的情境，而这 3 位大学生在正常的情境中对电信诈骗风险是强感知的。他们接受了正式制度的形式"强教育"，知晓校方所宣讲的典型案例，对各类诈骗方式、诈骗话术也有所总结，但是仍然在进入应激状态时，出现了小 F 所讲的

"鬼使神差""也不知道怎么被牵着走了"这样无助的说法，甚至小C是
在进入了同情对方的特殊情境下，形成了一种感性的应激反应。这些情
况的出现和校园安全教育的初衷是相背离的，也显得正式制度全面铺开
的效果甚微。

与这种情况类似，有着"强感知"却仍然被骗的小G提出，虽然
"刷单即为骗局"这样的警示在学校听了很多，但是一直认为自己不
可能被骗，且称"觉得只有傻子才会被骗"。然而，遭受诈骗时，他
始终认定自己在正常交易游戏账号。为了"卖出更好的价格"，在明
知道存在风险的情况下，还是通过对方发来的交易链接进行了转账。
在这个情境中可以分析得到，对此类学生的安全教育仅从正式制度的
角度开展，很难全面到覆盖各类骗术。当有新的骗术出现时，仅仅是
正式制度的发布很容易和学生的风险感知之间产生缺位和错位。因此
对这一类型的学生而言，现有的校园安全教育式微且被动。同样，得
寸进尺型和光环效应型也存在着正式制度所无法顾及、无法涵盖的可
谓"示弱"的地方。仅靠正式制度的推动，必然出现和大学生现实的
风险感知错位的部分。

（2）非正式制度对大学生电信诈骗风险感知的影响

结合前文非正式制度的概念，我们引入前述的高校安全文化概念，
并认为高校安全文化是高校电信诈骗防控中的一种非正式制度。经过开
放编码发现，自身经验、他人经验都会对风险感知的提升发挥作用，例
如访谈对象中有学生认为"宿舍同学上次被骗了1000元，我才感觉到电
信诈骗还真是会发生在自己身边"，再经过二次编码，凝练出"经验迁
移"这个主范畴。最终凝练的非正式制度包括"经验迁移""消费观念"
和"安全文化"。可以说在校园电信诈骗防控活动中，校方、社会各界持
续通过各种形式进行宣传、教育活动，学生群体既是信息的接收者，也
是主动思考者。学生们需要具有主观能动性，针对现有法规、案例进行
内容的思考和提炼，对于各类可能导致诈骗行为发生的事件应有所思考、
有所判断、有所准备，还要知晓如遇相关事件该如何处理。更进一步地，
随着学生群体之间进行相互交流、相互影响，形成一种基于电信诈骗防
控的文化氛围（见表6－4）。

表 6 - 4   非正式制度对大学生电信诈骗风险感知提升的补位

非正式制度编码		大学生电信诈骗风险感知提升情景	
主范畴	副范畴	主范畴	对非正式制度的反应
经验迁移	自身经验	自我效能型	宿舍同学上次被骗了 1000 元，我就感觉到电信诈骗还真是会发生在自己身边
	他人经验	应激反应型	这次经历让我觉得如果遇到网上说是高中同学这类认识的人，不能冲动讲义气，应该先确认身份
消费观念	过度消费	得寸进尺型	自己一心想给女朋友买个新手机，其实也知道是超出自己消费的，但是没有忍住刷单兼职广告的诱惑
	信贷认知		
安全文化	转账即骗局	光环效应型	后来在银行实习才了解了真正的企业工作方式，不可能发生这种联系客户转账的业务，才知道了骗子的骗术拙劣
	谈钱即骗局		
	熟人需确认		

四　案例研究结论

根据上文中的分析，总结本研究的主要结论如下：

（1）依据大学生遭受电信诈骗的主要手段展开分析，本研究通过访谈资料分析得出大学生的风险感知降低情境可划分为自我效能型、应激反应型、得寸进尺型和光环效应型四类。这意味着，为了提高大学生对电信诈骗风险感知，高校管理者需要深入剖析各类风险感知降低的情境，更加深刻地、有覆盖性地、有针对性地设计安全教育内容。

（2）正式制度和大学生的四种风险感知情境存在错位。自上而下，通过正式制度开展的安全教育的目的是提高大学生对电信诈骗的风险感知，但是通过"约束要求"和"提醒灌输"的方式很难解决学生的自我效能、应激反应、贪婪心态或者轻信他人的现象，校园防控电信诈骗的安全教育不能仅仅从校方、公安等主体出发。

（3）非正式制度可以针对正式制度错位的情况进行补位，提升安全教育的针对性。大学生风险感知可以通过"经验迁移""消费观念"和"安全文化"等方面来提高，而这些都属于大学生自我习得的或者环境营造的非正式约束，这些内容能够规范行为、养成习惯或者形成自律。因此，非正式制度的来源很广泛，有学校与公安、反诈部门等引导，有社会和家庭教育参与，更大一部分来自大学生自发地汲取、自发地形成安全自治的氛围。

第三节　校园防电信诈骗安全教育优化对策

根据前文中的研究可得，正式制度与大学生风险感知的错位，造成了以案例提醒、教育课程、管理条例等正式制度为主的安全教育的效果不佳，并且呈现出"强教育弱感知"的现状。与此同时，安全文化的营造、朋辈经验的迁移和消费生活的自律意识培养等非正式制度，能够作为校园安全教育的有益补充，有助于形成良好的校园安全文化氛围。因此，校园管理者应当在安全教育中重视正式制度和非正式制度的互补互动，有针对性地提高学生对电信诈骗的风险感知，提升电信诈骗防范教育的实效性。

在对校园安全教育和大学生风险感知进行分析的基础上，如图 6－5 所示，本节构建出校园安全教育中正式制度和非正式制度对大学生风险

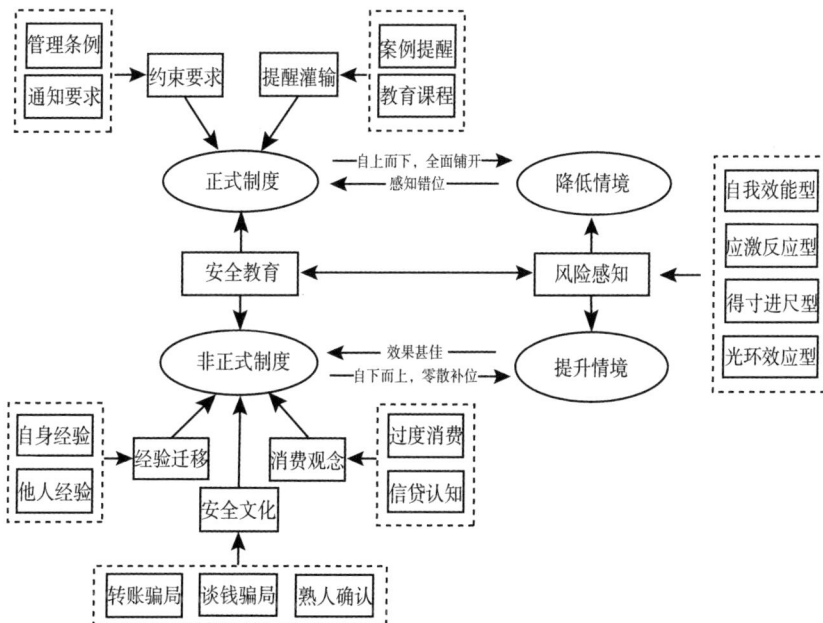

图 6－5　校园安全教育中正式制度和非正式制度对大学生风险感知影响因素的理论模型

感知影响因素的理论模型，并在此基础上提出校园防控电信诈骗安全教育优化对策。

一　以动态发展的思维持续优化安全教育

随着社会发展，科技进步、技术更迭速度快，公众生活方式、娱乐方式、对社会的认知等也在不断变化，不法分子的诈骗形式也在随之快速更新，防不胜防。对于校方、公安部门、学生、学生家庭、社会力量等参与主体来讲，重要的指导思想就是应该始终秉持动态的、发展的思想，保持敏感性，避免研究、宣传与教育及技术采纳的滞后，避免形式一成不变，避免思维固化与僵化。

各个参与主体均需追踪最新的电信诈骗方式发展动向，从典型案例入手进行深刻分析；同时，要积极对受骗学生给予关怀，展开事后帮扶、疏导工作，打破"受害者有罪论"，树立"被骗不耻""及时止损，及时报告反馈"的观念，并尽所能了解案件发生的前因后果，分析其中蕴含的受害者个人原因、诈骗者原因以及校方自身原因与环境原因。在此基础上，不断对安全教育模式进行自我剖析、自我反思，从而保证安全教育内容、安全教育方式的前瞻性、有用性，使学生在面对相似的电信诈骗事件时避免重蹈覆辙，甚至在面对更多未知的、新型的电信诈骗方法时能够做到推陈出新、举一反三、坚决防控，避免损失。

随着大数据、机器学习、人工智能等技术的发展，各大院校、科研机构、科技企业及公安部门也应加强新兴技术在防范电信诈骗活动中的应用，加强相关产品的研发，为可疑人员识别、诈骗行为识别、学生异常行为识别等应用领域赋能，将研究成果与实际应用进行结合并加以推广，全面提升防控工作的智能化水平。

二　以时效性原则确保安全教育正式制度的主导地位

总体来讲，正式制度依然应该是目前校园防诈骗安全教育中最关键的部分。校方始终要坚持联动多方主体，形成更多合作组织或反诈联盟，共同参与防诈骗安全教育事业；坚持将防诈骗安全教育进行全年覆盖性开展，在开学季、毕业季、重要节假日等关键节点更要加强力度；坚持宣讲教育、宣传普及、综合活动等为一体的开展形式，对学生持续传递、灌输知识，督促执行各类条例行为与约束要求。同时，研究中提到，过于频繁的工作开展也会造成防诈骗教育效果出现边际递减现象，使得学生产生厌烦情绪，造成各类资源的浪费，所以也要注重开展的方式、频率，保持工作的高效，避免使其止于表面、流于形式。

在宣讲教育方面，教师需要秉持积极的教育信念，加强对学生行为的干预和引导，① 深入阐释各类管理条例及通知要求。不论在通知提醒、课堂讲授还是主题讲座与师生座谈会中，都要始终把握上文所述的动态发展的思维，把握领域内前沿科学研究的进展以及最新电信诈骗手段的发展动向，实时更新理论传播与案例教育的内容，重视宣讲的适用性、时效性。

在宣传普及工作中，可以更多地借鉴视觉传达设计、传播心理、社交媒体营销等领域的知识，把握学生群体的审美偏好与取向，更多地结合时事，结合流行文化（如网络用语、流行歌曲）或地区内、校园内特有的文化基础，利用好现实世界的宣传空间，利用好新媒体平台的强大功能，使宣传普及工作具有更强的教育性、更强的吸引力。

综合活动方面，则需要开展形式更丰富，创意性、趣味性更佳的活动。广泛开展大规模调查，了解学生的兴趣、偏好与诉求，更加有针对性地对综合活动开展规划、统筹与组织。

三　集聚多方力量充分发挥安全教育非正式制度的补位作用

如上文模型所示，非正式制度主要通过经验迁移、消费观念、安全文化三个方面进行建设。参与防范校园电信诈骗非正式制度建设的主体很广泛，有学校、公安部门、社会力量及家庭教育的参与，更重要的是学生自身的理解、思考与实践。其他主体主要以正式制度为依托，在安全教育工作中重视上述三方面的内容与思想渗透；学生群体自发地汲取、自发学习，从而真正地形成安全自治的氛围。

经验迁移方面，强调自身经验、他人经验两个角度。学生通过接受宣讲教育、宣传普及，参与综合活动，或在与他人的直接沟通中，可以

① 张桂蓉、张颖、顾妮：《学校反欺凌氛围对教师预防型干预行为的影响：干预信念的中介作用》，《广州大学学报》（社会科学版）2022 年第 2 期。

了解到诸多典型案例，知晓他人经验；在反思自身、身边人受骗经历，或可能遭遇诈骗的行为时，可以增加自身的经验与感悟。学生可以在理解各类相关案例的基础上积极思考，不断发挥主观能动性，在遭遇相似或新型的电信诈骗手段时，将经验及对策进行迁移，以实现正确应对。

消费观念方面，需要学校、学生、家庭、社会共同参与，推行以俭代奢、量入为出的朴素消费观，不主张消费主义、享乐主义之风的传播，避免攀比行为横行的现象出现，杜绝过度消费。同时，还要重视学生金钱观、投资观、借贷观的教育。通过各类课程、讲座及宣传手段，普及经济学、金融学、法学的相关知识，增强学生对理财、借贷、投资、融资等行为的认知，帮助学生树立正确的投资观念、借贷观念。校方与社会力量还应关注部分确有需求的学生，通过提供奖学金、生活补贴、勤工俭学岗位等方式缓解其经济压力。

安全文化方面，主要聚焦安全理念文化的营造。在防范电信诈骗的要求之下，主要强调三点："凡是转账都是骗局"，"凡是谈钱都是骗局"，"凡是涉及熟人都要本人亲自确认"。由学校等诸多单位主导，将理念覆盖宣讲教育、宣传普及、综合活动等方方面面；学生在响应、学习的基础上，对其保持时刻遵循，与同学在日常生活中相互交流、彼此影响，共同构建良好的防范电信诈骗安全文化氛围。

附　录

校园安全管理实践经验

为了强化中国应急教育与校园安全管理的理论研究与实践经验的对话，我们专门向中小学、幼儿园的校长（园长）、教师、参与校园安全管理工作的律师征文，以展示他们开展的校园安全风险防控和应急管理工作。由于篇幅限制，本书仅收录了两百多篇投稿中的五篇，并根据五篇文章的内容完成附录的编写工作。附录分为五部分，分别反映了教育纠纷调处的经验和中小学幼儿园校园安全管理的实践。明年我们将继续开展这项工作，争取在报告中真实全面地展示我国应急教育与校园安全管理实践工作的最新进展。

一　中小学教育纠纷处置困境及破局

教育是关系国计民生的大事，教育纠纷应急处置如有不慎，极易演变成重大社会舆情事件。由于中小学校就读人群绝大部分系未成年人，其出现的教育纠纷更需要在事发第一时间从源头上科学介入、处置。同时，中小学教育纠纷解决过程中，纠纷当事人往往"希望纠纷的解决不至于导致双方和谐关系的破裂，需要商谈式的、友好的方式去化解矛盾"，更倾向于采取对抗性弱、程序便捷、效率高、成本低的纠纷解决途径。因此，绝大多数中小学教育纠纷可跳出传统维权成本较高、公开审判、程序繁杂的司法诉讼纠纷解决机制，引入相对私密、程序简单、成本较低的多元化专业解决机制，实现经济效果、社会效果和谐统一。

（一） 中小学教育纠纷解决机制现状

为解决教育领域纠纷而建立的由规则、制度、机构（组织）及活动构成的系统，即教育纠纷机制。中小学教育纠纷多元调解处置机制是指在中小学教育纠纷解决过程中，综合运用现存的法律纠纷解决方式和途径，以其各自独特的作用和特征，使纠纷当事人不同诉求得到反馈的一系列措施。

从当前我国法律法规结构体系来看，中小学教育纠纷多元化法律解决机制主要有家校协商、民事/行政调解、行政申诉、民事诉讼四种纠纷解决形式。

中小学教育纠纷从主体类型划分，可以分为学生（或家长）与学校的纠纷、教师（或家属）与学校的纠纷两大类。学生（或家长）与学校的纠纷主要为学生伤害事故人身损害赔偿纠纷和其他权利纠纷；教师（或家属）与学校的纠纷主要为人事争议纠纷和其他纠纷。

针对不同的纠纷类型，适用不同的纠纷解决处置方式。学生遭受的人身损害赔偿纠纷，可根据《中华人民共和国民法典》《学生伤害事故处理办法》等相关规定，选择家校协商、教育主管部门申诉、民事诉讼等纠纷解决方式；其他纠纷类型可以综合选择校内协商、校内申诉、人民调解、教育行政调解、教育行政申诉、民事诉讼等纠纷解决途径进行解决；教师与学校之间的人事争议纠纷的解决根据《中华人民共和国劳动法》等相关规定，可以选择校内协商、校内申诉、劳动仲裁、劳动监察部门投诉等作为纠纷解决方式。

（二） 中小学教育纠纷主要解决机制存在的问题

1. 校园申诉制度发力不足

《中华人民共和国教育法》明确规定受教育者有申诉的权利，这为建立健全中小学受教育者校内申诉制度提供了法制基础和政策保障。但是，法律法规层面尚未有关于申诉制度具体程序性内容的规定，如学生校内申诉的受理机构及其成员构成、申诉事由与申诉时效、申诉处理程序等，这就导致申诉制在校园纠纷解决中难以发挥应有作用，往往导致校园伤害、校园霸凌、教师体罚等行为无法得到及时有效处置，不利于受教育者的权益保护和相关教育纠纷的化解。

2. 人民调解机制不够健全

校园教育纠纷的人民调解工作机制存在不足：一是教育纠纷人民调解缺少专门的调解组织建立制度，调解人员专业性不高且人数不稳定；二是缺少规范化的操作程序制度，纠纷调解程序随意性较大；三是调解缺少经费保障制度支撑；四是调解结果权威性和认可度低。教育纠纷人民调解工作机制的不健全，也是纠纷当事人不相信调解、不愿意调解的重要原因。

3. 行政调解制度不够明确

《学生伤害事故处理办法》对调解范围、调解主体、申请调解主体、申请调解的程序、调解时限、调解程序、调解结果等内容做出了规定，但在调解的实体和程序方面仍有待进一步细化，这就导致实践中教育行政调解制度在学生伤害事故纠纷解决上实践性不强、功能性不高，大多数纠纷当事人不愿意申请行政调解，而是更倾向于以"校闹"方式表达诉求。

4. 行政申诉制度有待完善

《中华人民共和国教师法》第39条与《中华人民共和国教育法》第42条分别明确了教师和学生的行政申诉制度。但是行政申诉制度存在和校园申诉制度同样的不足，在执行和实施方面，规定较为原则、笼统。

当下教育纠纷各种处置机制存在诸多不足与缺陷，导致教育纠纷发生后难以找到一条现实可行的解决路径，而解决路径的缺失，往往导致更无序、更混乱的局面，付出更多的经济代价、造成社会资源的浪费。

（三）中小学教育纠纷解决机制破局

1. 借鉴国外成熟的教育纠纷解决机制

综观国内外，就中小学教育纠纷处置而言，无外乎司法途径、行政途径和民间途径。但从中国国情出发，一是司法系统本身面临案多人少的困局，将大量教育纠纷诉诸法院系统处理，无疑加重法院负担，也与目前我国提倡的"诉源治理"不相契合；二是教育行政部门本身肩负烦冗的行政事务，无暇提供教育纠纷常态化处置公共服务。因此，通过民间途径完成教育纠纷的源头治理，更具有现实意义。同时，国外一些国家和地区的教育纠纷解决机制已经经历了一个长期探索、发展和成熟的过程，积累了丰富的理论与实践经验，我国的教育纠纷民间解决机制可参考、借鉴。

（1）构建先内后外的解决纠纷程序机制。例如法国的"先内后外"模式，在建立教育纠纷解决机制时，由教育系统内部纠纷解决制度和外部第三方纠纷解决制度共同构成。规则上一般遵循先内后外的程序，教育系统内部纠纷解决制度应当公示公告，并主动在教育系统中普遍适用。内部程序出现纠纷无法化解时，通过规定程序，第三方纠纷解决机构介入处置。

（2）构建先民间处理后官方处理的解决纠纷程序机制。例如美国的非官方解决或裁定教育纠纷机构经验，构建由第三方纠纷解决机构先对教育纠纷进行调解，并对调解结果进行司法确认。如果第三方纠纷解决机构不能使当事人达成和解，当事人可再提起司法解决程序。

2. 构建我国教育纠纷解决机制

（1）引入第三方教育机构化解矛盾纠纷。由于当下校内申诉制度、行政申诉制度难以有效化解矛盾；现有调解制度解决问题效率低下、调解结果认可度低，而教育纠纷需要的是一个合法、合理、高效、有温度、可执行的解决路径。因此建立一个教育纠纷当事人相互信任、不产生实际利益冲突、能快速有效解决矛盾纠纷、调解结果具有权威性的第三方专业教育调解机构显得尤为重要。

（2）第三方教育调解机构应具备专业性。教育纠纷有其特殊性，引入的第三方教育调解机构应具有如下专业性：第一，调解制度专业性。专业的调解制度能够增强纠纷处理结果的说服力；同时，结合学校、教育环境配套设置专业的教育调解流程，让纠纷当事人从一开始就获得信赖感。第二，调解人员专业性。教育纠纷所涉及问题往往并不是法官依据法律做出裁判所能彻底解决的，更多的需求是疏通当事人心理痛点，法律适用反而成了次要问题，因此调解人员宜由教育、心理、应急等多领域的专业人员构成。

（3）第三方教育调解机构应具备权威性。第三方教育调解机构应当以维护教育秩序、法治人文关怀为指导思想，以自愿、合法、合理为原则，以事实为依据，居中调解，促使当事各方得到满意的调解结果，通过调解过程塑造出调解行为的权威性。此外，调解结果应当从程序上得到人民法院的确认，通过调解结果的可执行性增强调解行为的权威性。

（四）教育多元调处机制的建立

在有关教育主管部门和司法部门的牵头下，经过探索与总结，西部教育多元调处中心（以下简称"中心"）项目落地，截至目前，累计调处教育纠纷 81 件次，本小节以中心调处的教育纠纷为实例，分析教育多元调处机制在教育领域纠纷处置中的调解流程及有关优势。

1. 处置实例

（1）案例介绍。中心处置的"某小学学生坠楼"案件，集中体现教育纠纷特点及教育多元调处机制的处置效益。

2020 年 3 月，某小学发生学生坠楼致下半身瘫痪事件。因家校针对事件起因以及赔偿金额有重大分歧，无法自行妥善解决该事宜，双方自愿申请由中心居中调解。

教育领域专家、法律领域专家、保险领域专家组成评估委员会，对该事件进行评估并出具意见，后由调解庭根据评估意见，法理、情理相融，引导家校双方对学生的伤残程度进行鉴定。伤残等级经司法鉴定结果出来后，调解庭依法组织双方商定赔偿金并签署调解协议书。2021 年 5 月，家校双方在中心的协助下将该调解协议书递交到法院形成司法确认书，保险公司据此支付赔偿款项。

通过这种调解机制，实现了短时间内家长方得到应有赔偿，而学校方一是通过保险解决了"费用出口难"的问题，二是快速、平稳化解纠纷，避免产生更大舆情。

（2）调解流程。中心根据多年探索，形成体系化、规范化的调解流程（见图 1）。

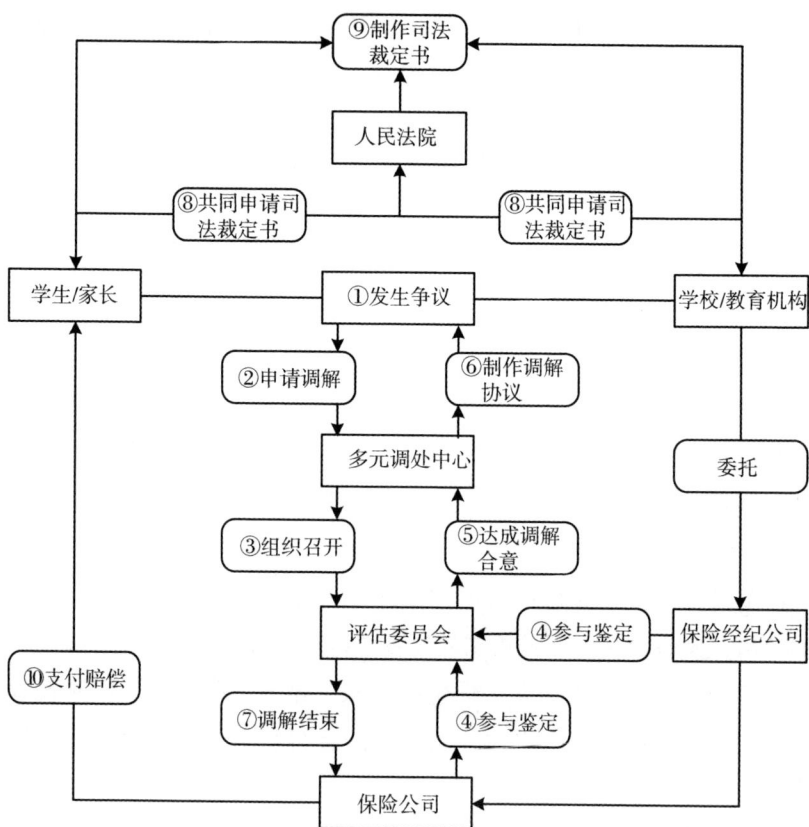

图 1　调解流程图

调解流程说明：

①发生争议：教育纠纷发生之后，当事人之间无法自行协商解决或学校难以协调解决；

②申请调解：当事人自愿向中心申请调解或法院分配相关案件到中心进行调解；

③组织召开：中心根据案件复杂程度，可在专家管理库中遴选三名以上单数的专家组成评估委员会，对该案件进行评估，出具专业评估意见作为各方调解基础、参考；

④参与鉴定：涉及人身损害的案件，中心可邀请保险公司与保险经纪公司参与，按照有关保险标准对伤情进行评估鉴定，供当事人参考；

⑤达成调解合意：当事人经调解，就各方面问题达成一致，形成合意；

⑥制作调解协议：中心根据当事人的调解合意内容制作调解协议，由双方签字捺印（盖章）确认；

⑦调解结束：中心组织的调解成功（签订调解协议），或双方在调解期限内无法达成合意的，均视为调解结束，中心将有关案卷结案归档；调解失败的，双方可再提起司法解决程序；

⑧共同申请司法裁定书：当事人可将调解协议递交至有管辖权的法院申请司法裁定书；

⑨制作司法裁定书：人民法院在审查调解协议不存在违反法律法规的情况下，对调解协议予以确认，保证调解协议强制执行力；

⑩支付赔款：保险公司根据校方责任险等投保内容，按照调解协议支付有关赔付款项。

此外，中心目前已形成一套程序性和实体性兼备的教育纠纷多元调处系列文书，包括《调解员管理办法》《调解规则》《调解员确定书》《调解申请书》《受理通知书》《调解通知书》《当事人送达地址确认书》《调解协议书》等。

2. 教育多元调处优势

我国社会进入新发展阶段，社会主要矛盾已经转化为人民日益增长的美好生活需要和不平衡不充分的发展之间的矛盾。当下，家长对学校、教师的教育管理行为的更高要求，以及学校教育管理中面对的纷繁复杂问题，往往成为家校之间分歧的根源，而家校彼此之间信息孤立，矛盾易激化。同时，根植于我国社会的"厌诉情节"，以及学生在校期间家校共育的现实需求，在家校矛盾产生后，双方往往不愿对簿公堂，因此，教育多元调处机构应运而生。教育多元调处机构存在以下优势。

（1）有利于维护社会的和谐与稳定。教育多元调处机构的建立，是立足我国国情，跳出传统司法诉讼程序，又以司法确认为调解结果保障的教育纠纷治理新途径，有利于教育纠纷处置的科学化、程序化、制度化，可有效化解教育纠纷，维护我国改革、发展和稳定的大局。中心以成都为基点，成功参与处置了具有典型社会影响力的教育纠纷案件，实现了良好的社会效益、政治效益，呵护教育生态环境。

（2）有利于尊重多元社会的多样选择。建立与完善教育多元纠纷调处机制，从机制上赋予当事人在纠纷解决方面更广泛的选择权，不仅是解决纠纷、节约社会资源的需要，同时也是国家对公民基本自由的尊重，对公民权利的多途径、多层次保障。当事人可选择中心调解、实地调解、远程在线调解等方式，实现调解场景的多元化，最大限度为当事人提供便利；设置调解员和调解庭两种调解模式，以充分实现对当事人程序或实体权益的保护。

（3）有利于提高教育纠纷源头治理水平。教育矛盾纠纷的解决不是仅仅依靠一个部门、一种手段就能解决的，纠纷解决机制必须充分发挥多元力量优势，针对不同特点，及时对症下药，方能有效化解矛盾，实现教育纠纷诉源治理，防止事态的扩大。例如，中心在多元调处机制建设中，组建了包括全国性及区域性高校法学专家智库和法律实务、教育（校园长）、保险、心理健康、家庭教育、新闻舆情等行业性的专家智库；调解员充分吸收教育、法院、检察院、律师、保险、信访、应急、稳定、安全、心理、检测、公证、舆情等各类权威（实务）专家，让不同领域内的专家参与教育纠纷的调解和化解，实现终局纠纷化解。

（4）有利于强化教育纠纷风险管理。教育纠纷早期应急处置不当，极有可能演变成重大社会舆情事件。教育多元调处机构具有综合联动、多元处置纠纷的意识与能力，可为教育系统强化教育风险管理服务，从根本上提升学校风险管理能力，为教育事业正常、健康发展提供保障。中心以专业调解为基础，根据需求开展教育纠纷风险评估、教育风险防控培训、教育法律纠纷调处人才培养、教育矛盾（风险）排查、教育风险指标指数发布、保险服务绿色通道开通、教育危机专项处置及教育风控数据发布等业务，实现以纠纷调处带动纠纷预警、由个案解决到普遍警示的更大社会功效。

随着社会的不断发展，教育纠纷当事人的维权意识也不断增强，因此调处该类案件机构、人员的专业性要求也日益迫切，教育纠纷多元调处机制应运而生。教育纠纷多元调处机制将在平衡当事人实体与程序权益，维护当事人正当权益，维持正常教育教学秩序、助力社会大环境和谐稳定中发挥重要作用。

二 家校司社四联动的教育风控实践

安全是师生校园生活的基础保障，安全意识和技能的提升是可持续发展的重要路径，学校须在国家校园安全防控体系建设指导意见的引领下，根据自身教育教学、校内外环境、校内外资源等情况因地制宜的探索出安全教育有效的实施办法。本节将以校园安全教育实践为主要内容，从师生安全教育、安全风险防控、资源整合与四方联动几个主线进行阐述，以分享安全教育实践经验。

（一）落实师生安全教育

1. 安全教育的目标——强化安全意识、习得安全常识、提高自我防护能力

学生安全健康的成长离不开老师的引导、学生自我保护意识的提升和安全自护技能的提高。成都师范附属小学始终将落实师生"安全教育"放在教育教学首位。在实践中确立了学校安全教育的目标，即强化师生安全意识、习得安全常识、提高自我防护能力。

2. 安全教育的对象——全校师生

我们将安全教育的对象定位为全校老师与全体学生，明确教育过程中教师和学生都是学习者、参与者。教师既是接受安全教育的对象，又是对学生进行安全教育的重要执行者。我们在学校特色课程的研发与实践中锻炼师生，在各类安全培训与活动中提升师生的安全技能。

3. 安全教育的途径——培训、活动、课程

培训是我们对师生进行安全教育的最基本保障。我们重视对师生的安全培训，通过专题培训强化教师一岗双责意识，提高教师安全应急能力。活动是我们对师生进行安全教育的最根本载体。学校充分利用校园集体活动、安全教育主题活动、师生专题培训活动等途径拓展师生安全知识视野和安全突发事件处理技能。课程是我们对师生进行安全教育的最重要途径。学校将安全教育有机融入校本课程的研发与实践中，形成了系列特色课程：立足于学生生命健康的生命安全课程，扎根于日常生活的社区安全课程，适宜亲子共学的安全教育平台课程和年段特色鲜明

的法治校本课程。有了课程这一主阵地，我们的安全教育已经扎根日常，时时渗透。

（1）生命安全课程

学校自主开发的"生命安全课程"，以生命教育为出发点，内容涵盖家庭生活、校园生活、自然灾害、交通安全、自护自救、消防安全等几个板块内容。其中包括家庭煤气预防和处理，校园避震、火灾逃生，洪水、泥石流避险，心肺复苏等具体项目。各班老师利用专题上课时间对学生进行教育指导，以培养学生的安全意识、自护自救能力。

（2）社区安全课程

"社区"是学生生活的重要环境，也是我们安全教育的重要内容。学校地理环境特殊，学生就来自周边社区，他们的日常生活几乎没有走出社区。我们将教育的空间从校园扩大，通过活动课程的方式打开学校教育的大门延伸到社区生活当中，"社区安全课程"是培养学生综合素养的又一平台。其内容包括食品安全、垃圾分类、单车社会调查等项目，通过调查、分析、讲解、宣传等方式去了解我们的社区，传递正能量，为维护社区和谐、建造美丽社区贡献一份力量。同时，学生也在分小组"走出去"的过程中培养安全自我保护意识。

（3）学生安全教育平台学习

安全教育平台学习是我们安全教育的重要内容。近年来，成都市开始执行幼、小、中学生网上安全教育知识家校学习。每月会定期或不定期在平台上发布专题学习内容。学校对此工作尤为重视，由学校行政、班主任老师、家委会成员成立领导小组，对课程内容及时授课更新、提醒各家长带领孩子跟进学习，并及时进行反馈。老师、家长、学生的安全意识和责任意识都得到加强。

（4）研发法治校本课程

结合学校实际，针对不同学龄段学生特点研发校本课程。学校每年一期的法治课程紧紧围绕"规则"展开，一至六年级全体师生参与其中。各年级根据学生年龄特点确定主题，以"班级公约""法治儿歌""法律知识演讲比赛""模拟法庭"的形式内容，将生活中挖掘出来的问题进行深入探讨、学习、研究。学生在老师的组织下通过前期问题调查、活动策划参与、后期评价反馈几个周期加深对生活中"法律（规则）"意识的培养，感受法律的威严，学会自我保护。

在校园里学校为师生打造了"模拟报警电话区""交通安全体验区""法治图书角"以及"法治知识跳跳棋"几个法治安全体验场地，老师可根据上课内容将学生带到该区域进行现场体验学习，为师生提升法治规则意识充分搭建学习平台。

（二）强化安全风险防控

1. 成立安全工作领导小组，强化一岗双责意识与职责

学校设立安全工作领导小组，校长为组长、分管行政、年级组长为成员，将全体教职员工纳入管理当中，通过与每位教师签订"一岗双责"协议，加强老师对学生安全保护的责任和意识。

2. 建立和完善安全工作制度

我们一直将安全工作放在教育教学首位，为扎实有效推进，学校建立和完善相关工作制度和机制，包括领导小组管理机制，一线教师人人有安全岗位、人人有职责、及时检查与反馈，纳入个人及团队考核等内容。

3. 梳理安全风险清单

在管理过程中，我们不断进行摸底调查，梳理安全风险清单，囊括校园周边环境安全、体育设施设备安全、用电安全、消防安全；食品安全、食堂场地规范使用安全、用火用电安全；每日学生晨检、生病学生病情跟踪、呕吐物规范处理；学生活动安全内容合理设计、活动设施设备安全使用、活动组织的监管等。我们还根据学校自身特点制定安全事故处理方案，包括学生突发性疾病处理、擦摔伤处理、呕吐物处理等。

4. 落实日常安全保障行为

在学校管理机制下，教师的一日工作"六到岗"充分得到落实，早读、课间操、课间休息、午餐、午自习、放学，学生的所有活动老师都参与监管过程，以达到学生校园安全生活环境全覆盖。学校管理者每日对教师的"六到岗"情况进行检查反馈并纳入考核。校园"六到岗"的落实，真正做到了全校教师人人有岗位、个个有职责，学生的日常安全得到了充分保障。

为保证学生生命安全，学校成立"每日晨检"专项工作小组，由学校行政、校保健老师、班主任老师组成，每天对学生的身体状况、是否患有传染病情况进行摸底排查，在排查中发现隐患，消除隐患。

5. 提高安全应急处理能力

学校制订了一系列安全应急预案并定期组织学习与演练，以提高师生的安全应急处理能力。预案都做到了分工明确、措施具体、流程清晰、环节到人、责任到人。

学校建立了微型消防站，定期对消防设施与器材进行维护检修。定期开展消防演练，在演练中教给师生处理突发事件的应急方法，提高师生的应急处理能力。我们将消防教育纳入日常教学，依托安全健康体验教室的消防板块，研发消防模块课程，对学生开展消防知识的教育。

（三）整合资源，四方联动

学校的发展、师生的发展，除了练好自己的内功、做好校园防控排查、积极动参与专题活动外，还需要有效整合家庭、社区、司法机关部门资源，后者更能推动学校安全教育的发展。

1. 特质学生关爱

目前在我们系统的安全管理模式下，安全工作扎实有效，但在过程中我们发现"特质儿童"在校的学习生活，成为学校管理的最大难题。这些"特质儿童"一般在情绪管理上都存在一些问题。他们易怒多动，常常做出一些危险举动，与班级孩子相处不够融洽，家长的教育配合度也不高。针对这些孩子，我们为他们开辟了绿色通道，主动邀请区检察院心雨梦工厂的志愿者帮助他们；我们与华西附二院心理专家组建 ADHD 医教协作团队，为他们提供医疗援助，用特别的关爱帮助他们度过暂时的困难期。

2. 特殊时段合作

学校安全工作中的若干个特殊时段是需要学校特别用心寻求社会资源的帮助为孩子保驾护航的。每天上学、放学时间校门口学生较为集中，人流量较大，为保证学生人身安全，学校成立了"校园护苗队"，各班家长分小组轮流到学校前后门进行值岗，协助学校保安师傅和老师的安全管理；每天上放学时间区域交警执法队会定时到校门口及周边进行安全巡视，以保证师生生命安全；在学校"法治课程"开展过程中，我们将学生带到锦江区法院进行庭审观摩学习，锦江区法院还为我们提供场地和专业法律知识指导，我们的部分学生实地体验"模拟法庭"；在"社区生活课程"开展时，我们的学生分组进到社区公共服务区域进行问卷调查，得到社区的鼎力支持。

3. 教师专业培训

学校努力争取专项资金，安排老师参加专业安全培训机构的拓展训练，组织老师前往北京红十字总会参加安全技能培训，邀请省市区红会专家到校开展应急救援讲座，调动家长资源到校讲解急救知识。

安全的校园生活离不开师生心理的健康发展。为更好地帮助孩子，我们依托儿童心理专家协作团队为老师开展儿童心理专业培训。邀请华西附二院医生到校为老师做"与多动症儿童面对面"和"帮助孩子做情绪的主人"专题讲座。了解如何初步判断"多动儿童"与"多动症儿童"，了解如何借助医疗手段来调整病理性多动。了解如何站在学生角度认识孩子，了解孩子情绪管理的正确引导方式。这样的培训指导帮助老师深入了解学生实际情况，针对性地对学生进行排查、关注、引导教育，以确保学生在校安全。

4. 教育环境建设

几年前，学校抓住全国红十字总会捐建生命安全健康体验教室的契机，成功申请到了四川省第一间生命安全体验教室。体验教室分为九大模块：自身安全模块、校园安全模块、交通安全模块、家庭安全模块、地震自救模块、消防安全模块、出行安全模块、应急救护模块、红十字知识模块。这间教室为安全教育提供了硬件上的支持，为老师们开发实践学校生命安全课程提供了环境保障。

（四）结语

安全的校园环境是师生学习生活的重要保障，安全意识和自护技能的提升是师生学会自我保护的重要路径，学校始终将安全教育放在首位，以营造一个健康、安全、和谐的育人阵地。继续加强多方合作，齐心协力，扬长避短，才能把学校工作再推上一个新的台阶。

三　中学校园安全重点专项工作的实践

近几年来，龙潭二中在学校安全管理工作方面成效显著，获得了各级管理部门的表彰。如，荣获 2015—2016 学年度玉林市安全稳定工作先进单位、博白县 2015—2016 学年度德育工作先进集体、博白县 2016—2017 学年度法治教育工作先进集体、博白县 2017 年义务教育学校常规管理先进单位、2017 年"玉林市文明校园"；2018 年玉林市教育系统先进基层党组织、2019—2020 学年度博白县教育系统安全稳定工作先进单位、2021 年玉林市先进基层党组织、2021 年广西壮族自治区第一批全区乡村温馨校园建设典型案例学校、2020—2021 学年度博白县教育系统安全工作先进单位、2022 年玉林市五星级基层党组织等。本节将介绍学校重点安全专项工作开展的基本情况。

（一）防治校园欺凌和校园暴力专项工作

全面贯彻党的教育方针，落实立德树人根本任务，严肃校规校纪，规范学生行为，加强法制教育，建设平安和谐校园，促进学生身心健康。加强对校园欺凌、暴力此类事件的预防和整治，切实维护文明和谐的校园秩序，保护学生的合法权益、人身及财产安全，学校开展了系列防治学生欺凌和暴力专项工作。

1. 开展防治欺凌专项教育

（1）切实加强学生思想道德教育和心理健康教育。紧密联系学生的思想实际，积极培育和践行社会主义核心价值观。落实《中小学生守则》，引导全体学生从小知礼仪、明是非、守规矩，做到珍爱生命、尊重他人、团结友善、不恃强凌弱，弘扬公序良俗、传承中华美德。培养学生健全人格和积极心理品质，对有心理困扰或心理问题的学生开展科学有效的心理辅导，提高其心理健康水平。通过家校联系，引导家长注重家风建设，加强对孩子的管教，注重孩子思想品德教育和良好行为习惯培养，从源头上预防学生欺凌和暴力行为发生。

（2）认真开展预防欺凌和暴力法制教育。落实《中小学法制教育指导纲要》，开展"法治进校园"、法治教育主题班会等活动，让学生知晓基本的法律边界和行为底线，消除未成年人违法犯罪不需要承担任何责任的错误认识，养成遵规守法的良好行为习惯。针对校园欺凌和校园暴力，学校每学期开展了以下专项教育活动：①一次《中华人民共和国未成年人保护法》《中华人民共和国预防未成年人犯罪法》等法律宣传解读；②一次防治学生欺凌教育宣誓大会并举行集体签名仪式；③学生向学校递交一份防治欺凌（承诺内容手写）承诺书存档；④每两周组织观看一次防治欺凌为主题的宣传专题片；⑤每个月召开一次防治欺凌的主题班会课；⑥邀请公安或司法部门进校开展一次法治宣传专题讲座；⑦每半学期国旗下讲话一次，向学生宣讲什么是欺凌、欺凌的危害，并告知学生防护的方法及发生欺凌现象的紧急应对方法；⑧通过手抄报、演讲、征文等形式，开展一次以防治欺凌为主题的比赛；⑨通过家校微信群、召开家长会，向家长宣传有关学生欺凌防范常识及注意事项等，时刻提醒家长切实履行好监管职责。

（3）对实施欺凌行为的学生强化教育惩戒威慑作用。对实施欺凌和暴力的学生依法依规采取适当的矫治措施予以教育惩戒，既做到真情关爱、真诚帮助，力促学生内心感化、行为转化，又充分发挥教育惩戒措施的威慑作用。对实施欺凌和暴力的学生，学校和家长进行严肃的批评教育和警示谈话，情节较重的，公安机关参与警示教育。对屡教不改、多次实施欺凌和暴力的学生，登记在案并将其表现记入学生综合素质评价，要求转入其他学校就读。对构成违法犯罪的学生，根据《中华人民共和国刑法》《中华人民共和国治安管理处罚法》《中华人民共和国预防未成年人犯罪法》等法律法规予以处置，区别不同情况，责令家长或者监护人严加管教，必要时可由政府收容教养，或者给予相应的行政、刑事处罚，特别是对犯罪性质和情节恶劣、手段残忍、后果严重的，坚决依法惩处。

2. 加强防治欺凌体制机制建设

制定防治学生欺凌和暴力工作制度，并纳入学校安全工作统筹考虑，健全应急处置预案，建立早期预警、事中处理及事后干预等机制。首先，加强师生联系，密切家校沟通，及时掌握学生思想情绪和同学关系状况，特别要关注学生有无学习成绩突然下滑、精神恍惚、情绪反常、无故旷课等异常表现及产生的原因，对可能的欺凌和暴力行为做到早发现、早预防、早控制。其次，严格落实值班、巡查制度，禁止学生携带管制刀具等危险物品进入学校，针对重点学生、重点区域、重点时段开展防治工作。再次，对发现的欺凌和暴力事件线索和苗头认真核实、准确研判，对早期发现的轻微欺凌事件，实施必要的干预。

规范欺凌报告制度。学校完善欺凌报告制度，严格落实学校教职员工对侵害学生行为强制报告的责任和义务，老师在接到学生报告后，立即报告学校当天值日领导，严禁知情不报或私下了结。一旦发现学生遭受欺凌，老师要及时制止并报告班主任进行调查处理；情节严重，要及时报告学校值日领导和政教处，并联系家长进行共同教育，性质严重的，由学校迅速联络公安机关介入处置。

建立健全长效工作机制。学校压实分管领导、班主任、学科教师和教职员工各岗位责任，进一步健全防治学生欺凌工作机制、各种安全制度措施等。进一步完善考评机制，将学生欺凌防治情况纳入教育质量评价、班主任、学科教师及相关岗位教职员工工作考评。把防治学生欺凌和暴力作为加强平安文明校园建设的重要内容。学校党支部充分发挥政治核心作用，加强组织协调和教育引导。党支部书记、校长是学校防治学生欺凌和暴力的第一责任人，分管法治教育副校长和班主任是直接责任人，充分调动全体教职工的积极性，明确相关岗位职责，将学校防治学生欺凌和暴力的各项工作落实到每个管理环节、每位教职工。努力创造温馨和谐、积极向上的校园环境。加强优良校风、教风、学风建设，开展内容健康、格调高雅、丰富多彩的校园活动，形成团结向上、互助友爱、文明和谐的校园氛围，激励学生爱学校、爱老师、爱同学，提高校园整体文明程度。

3. 推动防治欺凌实务工作

关注表现异常学生，全面排查欺凌事件。首先，深入开展学生欺凌隐患排查，全面掌握后进生、劝返生、留守儿童、父母离异学生、随迁子女情况，对情绪异常、有暴力倾向、有小团伙迹象等特殊群体及个体学生，分班造册建立台账；其次，全面排查涉校涉生矛盾纠纷、学生欺凌线索和事件，并建档立卡；再次，做好学生欺凌综合防治重点监测对象的登记，对重点对象进行跟踪，及时消除隐患问题；最后，各班对排查发现的苗头迹象或隐患点，及时向学校政教处报告，并与家长进行沟通，及时采取措施做好疏导化解工作。对排查发现的已经发生的欺凌事件，联合公安部门，开展处置工作，防止相关视频上传网络，防范发生网络舆情事件。

重点监控易发区域。首先，学校建立健全值班巡查制度，对于课间、午休、晚自习等欺凌易发时段和卫生间、宿舍、操场等欺凌易发区域，要安排专人进行重点巡查。其次，学校建立健全并严格执行宿舍管理制度，配备专职人员负责学生宿舍管理，明确岗位职责，落实值班、巡查责任。

保护遭受欺凌和暴力学生的身心安全。学校建立学生欺凌和暴力事件及时报告制度，一旦发现学生遭受欺凌和暴力，学校和家长及时相互通知，对严重的欺凌和暴力事件，学校向上级教育主管部门报告，并迅速联络公安机关介入处置。报告时相关人员有义务保护未成年人合法权益，学校、家长、公安机关及媒体应保护遭受欺凌和暴力学生以及知情学生的身心安全，严格保护学生隐私，防止泄露有关学生个人及其家庭的信息。特别要防止网络传播等因素导致事态蔓延，造成恶劣社会影响，使受害学生再次受到伤害。

实施科学有效的追踪辅导。欺凌和暴力事件妥善处置后，学校持续对当事学生追踪观察和辅导教育。对实施欺凌和暴力的学生，要充分了解其行为动机和深层原因，有针对性地进行教育引导和帮扶，给予其改过机会，避免歧视性对待。对遭受欺凌和暴力的学生及其家人提供帮助，及时开展相应的心理辅导和家庭支持，帮助他们尽快走出心理阴影，树立自信，恢复正常学习生活。对确实难以回归该校本班学习的当事学生，学校妥善做好班级调整和转学工作。认真做好学生欺凌和暴力典型事件通报工作，既充分发挥警示教育作用，又注意不过分渲染事件细节。

4. 促进多方协同防治欺凌

强化学校周边综合治理。动员社会各方面力量做好校园周边地区安全防范工作，把学校周边作为社会治安重点排查地区和整治工作的重点，加强组织部署和检查考核。公安机关在学校设置警务室，密切与学校沟通协作，积极配合学校排查发现学生欺凌和暴力行为，并及时处置。学校定期组织排查学校周边治安环境，发现问题及时与公安机关联系，进行处置。学校教师护校队与公安干警一起加强学生上下学重要时段、学生途经重点路段的巡逻防控和治安盘查，对欺凌和暴力行为及时干预，震慑犯罪。

管教孩子是家长的法定监护职责。学校通过家长微信群、致家长一封信、家长会等方式，引导广大家长增强法治意识，掌握科学的家庭教育理念，尽量多安排时间与孩子相处交流，及时了解孩子的日常表现和思想状况，积极与学校沟通情况，自觉发挥榜样作用，切实加强对孩子的管教。特别是做好孩子离校后的监管看护教育工作。学校要求班主任，每周末都在家长微信群推送安全防护相关信息，提醒家长周末履行好监管看护孩子的责任，要求家长对孩子做到"四知"：知去向、知同伴、知内容、知归时。避免放任不管、缺教少护、教而不当。

学校通过建立学校、家庭、社区（村）、公安、司法、媒体等各方面沟通协作机制，畅通信息共享渠道，进一步加强对学生保护工作的正面宣传引导，防止媒体过度渲染报道事件细节，避免学生欺凌和暴力通过网络新媒体扩散演变为网络欺凌，消除暴力文化通过不良出版物、影视节目、网络游戏侵蚀、影响学生的心理和行为，引发连锁性事件。坚持标本兼治、常态长效、净化社会环境，强化学校周边综合治理，切实为保护未成年人平安健康成长提供良好社会环境。

（二）交通安全治理专项工作

交通安全教育是学校的重点工作，为了强化学生交通法规和安全常识的意识，提高学生自我防护能力，学校开展了如下学生交通安全专项工作。

1. 健全相关制度，成立领导小组

为了使交通安全教育常态化，学校健全了交通安全工作相关制度，先后制订了《学校交通安全制度》《学校教师自驾机动车管理制度》《学校交通安全工作预案》等。通过交通安全教育领导小组负责组织和安排学校的交通安全教育工作，把学生的交通安全教育列入重要的议事日程；通过各个年级组长与各班班主任负责具体的交通安全教育。

2. 加强形式多样的交通安全宣传教育

设置交通安全教育课，利用校会课请交警进行"交通安全伴我行"主题教育活动，使全校师生受教育率达100%。设置交通安全班会课，每周开展"强化交通安全意识、提升学生安全素养"主题班会，并拍照上传学校安全工作群。组织学生观看《中小学生交通安全知识讲座》宣传片，通过宣传片中一些场景感染学生，增强安全意识。在校园内设置交通安全教育标语和宣传画，使学校形成浓厚的交通安全氛围。定期举办交通安全黑板报、安全知识竞赛、征文比赛等活动扩大学生的知识面，提高学生交通安全意识。同时，积极组织家长进行学习，要求家长配合学校对子女进行必要的走路和行车安全提醒，严格遵守交通法规，辐射家长，规范家长的交通行为，形成交通安全的家庭教育氛围，学生在潜移默化中受到教育。

3. 加强学生出行交通安全管理

学校与家长、学生签订《交通安全责任书》和《禁止学生骑车上下学承诺书》。交通安全隐患最大的时间是学生上学、放学两个时段，地点是校门口学生过马路的地方。为了保证学生安全，避免校道拥挤造成交通安全隐患，上学、放学期间，所有家长不准骑车进校园，只能在校门口等候。组织开展调查接送学生的车辆信息状况，明确学生上、下学乘坐的车辆情况。组织安全工作组人员摸排校园周边的电车、摩托车停放情况，调查是否有学生骑电车、摩托车上学，一经发现，立即通知家长，并对学生进行教育。为加强学生的出入管理，加强对上学和放学的管理，降低交通安全隐患，每周上学和放学都邀请交警队队员来辅助，安排值日领导和值日班主任在校门前护导，再加上保安和值勤生，共同疏导、维持上学和放学的交通秩序，监督和纠正个别不遵守交通规则和交通秩序的行为。同时建立班级交通安全档案，由安全专干负责收集学生的承诺书、交通安全回执单、班会照片、记录等材料存档。通过上述系列工作，学生了解了交通安全常识，增强了遵守交规意识。安全走路、安全乘车、安全骑车已成为师生们的自觉行动。

（三）防溺水安全治理专项工作

生命至上，安全第一。学校从政治的高度，充分认识防汛和防溺水工作的极端重要性，不存侥幸心理和麻痹思想，特别将防溺水工作摆在学校暑期工作重中之重的位置，并采取有效措施，严防学生溺水事故发生。

1. 广泛开展防溺水安全教育

学校在暑期前要求各班都开展一次暑期防溺水专题家长会，提醒家长在暑期的重要时期一定要履行监护职责；组织镇干部、村干部、老师、家长、学生、群众等6类人员到各重点水域全覆盖开展防溺水"情景式"教育现场会；班主任上好一节暑期防汛减灾和防溺水安全课，主要教育学生有关汛期防雷、防电、防泥石流和山体滑坡等地质灾害以及水环境保护、防溺水知识，并进行相关知识考试；召开防溺水安全教育专题会，以班级为单位开展暑期防溺水宣誓活动并签订承诺书，发放《致学生家长的一封信》并取回由学生家长签名的回执，学校存档；暑假期间，学校严守"安全无假期"原则，充分利用公众号、微信群、朋友圈、短信、电话家访、发放传单、张贴警示标语等形式，广泛开展防汛减灾以及防溺水教育，切实增强学生"生命至上，安全第一"的意识。

2. 深入开展隐患排查和整改治理

学校在防汛期间针对校园周边可能多发、频发的暴雨洪涝、山体滑坡、泥石流等灾害的区域及危险水域，会同国土、水利、安监等辖区责任部门，开展全覆盖的安全隐患排查。对排查出的隐患情况，快速落实责任单位、责任人及整改时间，抓紧整改，尽快消除隐患。

学校特别加强了对重点人群的跟踪落实，主动与各村（社区）协调合作，共同做好对防溺水重点人群的排查工作，建立重点人群防溺水管理台账。进行分村、分片、分小组管理，落实责任人，做到"点对点、一对一"的人盯人全覆盖，及时掌握学生安全情况。同时，通过家访、电话、手机短信、家长群等多种渠道和形式，落实家校对接，密切家校联系，告知监护人防范重点，提醒其加强监管，切实履行监护责任。

3. 建立联防联控机制

汛情期间，学校积极配合当地政府，教师积极配合镇村干部，以属地管理为原则，充分利用基层工作优势，引领带动更多村民参与防溺水管控，加强对山塘、水库、河流、湖泊、坑塘等重点水域的安全隐患排查。落实24小时领导带班值班制度，联合镇村干部对校园及周边易发地质灾害点、重点及危险水域、重点人群等进行巡查，时刻关注受汛情影响情况，确保有人看、有人巡、有人管、有人防，形成联防联控机制，防止发生溺水事故。

4. 强化应急管理机制和应急处置

建立健全防汛抗灾减灾预警和应急处置制度，落实人员和物资保障。根据气象、水利等部门提供的灾情预测预报信息，强化应急准备工作，提前做好人员队伍、技术装备、资金物资、避灾场所等各项准备工作。严格执行汛期值班制度，调整和充实值班力量，加强汛期准确掌握事故信息，畅通信息报送渠道，确保重要情况和重要信息第一时间上报。一旦发现山洪、泥石流、山体滑坡等重大自然灾害的险情，学校迅速组织疏散、转移和撤离处于危险区域的师生，确保师生安全。若有师生受伤、校舍受损，学校积极稳妥做好受伤师生救治、师生安置、灾后重建等工作，相关情况及时报告地方党委、政府和上级主管教育部门。

四 全域融合背景下起始年级安全教育课程的开发与实践

从古至今，安全是人类社会不容忽视的问题，但随着时代的不断发展，人类所关注的安全问题种类不断增加。溺水、交通、校园欺凌、食品、火灾等安全事件在青少年儿童群体中也频繁爆发。学生大部分时间在校园，学生的受教育途径也绝大多数来自学校，因此学校应该在有限的时间、空间为孩子营造安全的校园环境，并提供孩子培养安全意识、提高安全防范技能的课程资源，让学生能够安全成长，受益终身。

近年来，国家对中小学生安全教育进行了精准化指导，《学生伤害事故处理办法》《中小学幼儿安全管理办法》《中华人民共和国义务教育法》等法律法规中涉及安全教育的规程被广泛学习关注。2020 年教育部还出台了《大中小学国家安全教育指导纲要》，这意味着国家安全教育已经被纳入国民教育体系。

小学一年级的学生好奇心重、运动量大、自我保护意识不强，加上幼升小更换环境所带来的陌生感和安全隐患的增加，安全教育在这个年级就有着必要性。6—7 岁的学生学习能力强、适应能力也较幼儿园的儿童有所增强，因此，把握起始年级的关键期，让学生自进入新学校开始就将安全放在首位，以安全教育带动学生校内学习尤为重要。

（一）起始年级安全自护能力现状分析

分析新闻报道、从教经历中所了解的安全事件，起始年级学生面临安全问题可梳理如下：（1）不当活动；（2）暴力、打斗、欺凌；（3）挤压、踩踏；（4）上下学交通；（5）消防事故；（6）溺水；（7）食物中毒；（8）雷击；（9）地震；（10）性侵害。

在上述安全问题中，起始年级学生对于这些安全问题的处理意识和能力都还十分薄弱，家庭教育与幼儿教育中所习得的安全教育，已经不足以支撑他们面对更为严峻的安全隐患。

在对四川天府新区第七小学 2019 级新生入学前的安全调研中，我们发现大部分学生对于消防、地震等安全问题有较强的安全意识和应对能力，这与幼儿园阶段的各类演练、安全教育平台教育有关，但对于其他可能面临的安全问题就出现了相对较低的安全意识与应对能力的反馈。一年级学生随着年龄的增长，自我保护意识与能力已经可以在老师的引导下逐步增强，因此学校需要抓住这一特殊时期进行安全教育。

表1　　　　　　　　　**2019 级学生入校前安全教育调研数据分析**

可能面临的安全问题	安全意识		应对能力
1. 不当活动	80% 强	10% 较强	40% 知道如何应对
	8% 弱	2% 几乎没有	60% 不知道如何应对
2. 暴力、打斗、欺凌	70% 强	20% 较强	30% 知道如何应对
	9% 弱	1% 几乎没有	70% 不知道如何应对
3. 挤压、踩踏	30% 强	10% 较强	20% 知道如何应对
	50% 弱	10% 几乎没有	80% 不知道如何应对
4. 上下学交通	40% 强	10% 较强	10% 知道如何应对
	40% 弱	10% 几乎没有	90% 不知道如何应对
5. 消防事故	80% 强	10% 较强	80% 知道如何应对
	10% 弱	0% 几乎没有	20% 不知道如何应对
6. 溺水	50% 强	10% 较强	70% 知道如何应对
	30% 弱	10% 几乎没有	30% 不知道如何应对

续表

可面临安全问题	安全意识		应对能力
7. 食物中毒	10% 强　30% 较强		10% 知道如何应对
	50% 弱　10% 几乎没有		90% 不知道如何应对
8. 雷击	10% 强　10% 较强		5% 知道如何应对
	60% 弱　20% 几乎没有		95% 不知道如何应对
9. 地震	80% 强　10% 较强		80% 知道如何应对
	8% 弱　2% 几乎没有		20% 不知道如何应对
10. 性侵害	20% 强　40% 较强		20% 知道如何应对
	20% 弱　20% 几乎没有		80% 不知道如何应对

加强学生安全管理是每一位班主任的义务与责任，安全责任之重不言而喻。但是在与教师的访谈中，不难发现安全教育对于教师而言缺乏理论指导。小学阶段的安全教育更多寄托于安全教育平台的打卡学习与校内反复进行的安全演练。对于学生日常能遇到的常见安全问题，老师缺乏抓手，甚至对于一些年轻老师而言，更难发现隐藏的安全隐患，面临安全问题时自己也是手足无措。所以，进行安全教育课程化有着极大的必要性。

（二）课程框架建设

安全教育课程化可以让教学内容更加系统、规范、科学，提前预留出必要的课程实施时间，让教师有更加清晰的教学内容，从而提高安全教育实施的有效性。通过对国家法律法规与方针政策、安全教育读本、安全教育平台的研究，最终形成以"安全 +"为具体实施途径的安全教育课程框架。

1. 目标聚焦意识与态度

在 2020 年教育部出台的《大中小学国家安全教育指导纲要》中指出，安全教育的开展需要系统化、规范化、科学化，开展安全教育需要"坚持正确方向""坚持依法开展""坚持统一规划""坚持遵循规律""坚持方式多样"，安全教育的主要目标是"通过国家安全教育，使学生能够深入理解和准确把握总体国家安全观，牢固树立国家利益至上的观念，增强自觉维护国家安全的意识，具备维护国家安全的能力"。

根据《大中小学国家安全教育指导纲要》，"学校安全教育平台"以及一年级学生的实际情况，一年级安全教育的主要目标就是让学生初步形成自我保护意识，养成对自身安全负责的态度，习得基本的安全自护方法。

2. 内容从学生实际出发

不同年龄的学生面对的安全问题大体一致，但安全隐患的应对策略对于不同年龄的学生而言能力点要求是螺旋上升的，因此在起始年级安全教育课程的内容设置上我们就应该从学生出发，从他们最可能遇到的问题出发。如，不当活动的安全意识与应对，上、下学安全意识与应对，暴力、欺凌事件安全意识与应对，逃生意识与应对等。

3. 教育实施全员化

开设安全教育第一负责人一定是班主任，然而只依靠一个人的力量是远远不够的，因此"安全＋"课程中我们以班级为单位，班主任牵头学科老师形成安全导师组，以班级为单位作用于课程中与课程外。课程中根据课程内容进行指导教育，课程外进行全员导师制安全引导。心中有安全才能眼中有安全，眼中有安全才能校内都安全。

4. 实施途径丰富化

教育最为普遍的实施方式是老师教学生学，这个方法简单高效能将一些理论性的知识用直接的方式传授给学生。

但安全教育的实施途径远不止如此，我们可以将老师教学生学演变为"共享微课堂"，即以共建共享为原则，按照课程大纲各安全导师轮流负责一个主题的教学微课制作，全年级使用。

安全教育除了讲授外还可以将其活动化，班级安全导师结合学校安全项目组每月一次的安全演练，将演练场景化、活动化。利用前置引导故事让学生投入整个逃生演练中，并在逃生后开展集中或分班的实践活动。

在学校游园活动中，还将"安全＋"课程与学科教育、整合课程一起设计分年级游园会，在游园会中考查学生安全教育技能，巩固安全自护技能。

天府七小自 2018 年建校初期就确定了以整合课程为内核的特色课程，

经过三年的不断尝试，天府七小的全科整合课程已经升级为全域整合课程，这一突破是学校对整合教育的不断探索，而安全教育就是一个整合器，它可以将各学科、各领域的知识充分融合，最后让孩子在习得安全教育的同时，能够收获更多附着其上的核心知识与核心能力。

因此，在学校实施全域融合课程的基础下，以全域融合的"安全＋"课程串联各学科课程形成一年级特色的"一科一节安全课""校园生活安全行"两个课程模块。"一科一节安全课"从整体考虑，尽量做到校园日常安全行为全覆盖，因此结合各学科特点我们将一年级的一科一节安全课设定为表2中的科目与内容。

表2　　"安全＋"课程一科一节安全课（一年级）教学大纲

科目	教学大纲
语文	言语安全：不说脏话、不侮辱他人等
数学	学具安全：如何削铅笔、铅笔等利器正确使用方法
外语	室内活动安全：防碰撞、防踩踏、板凳防摔等
音乐	物品安全：保管学具、正确摆放学具等
体育	运动安全：饭后安全运动时间、运动着装、热身活动等
形体	行进安全：如何迅速排好路队、排队不插队、上下楼安全等
美术	学具安全：如何正确使用剪刀、美工刀、胶泥等
科学	学具安全：科学实验器材等的安全使用
班会	课间安全：走廊不奔跑、安全游戏等

有了课上老师的教学，就有学生课后的安全行尝试，"校园生活安全行"既是以学生日常行为为活动，也是以评价为导向的特殊沉浸式教育。学生在每天的校园生活中都要时刻牢记老师的安全教育要领，以做到校园安全事故少发生、不发生。

为了更好地发挥学生的学习主动性，我们还鼓励学生绘制安全小报、楼道安全指示标，以学生的安全类作品美化校园，让安全提示无处不在，让安全之花闪耀光芒。

共建共享
全员参与

环创、特色评价

学校生活安全行

校园安全微课堂

整合 课程

一科一课

全域整合

学校日常生活

学科学习生活

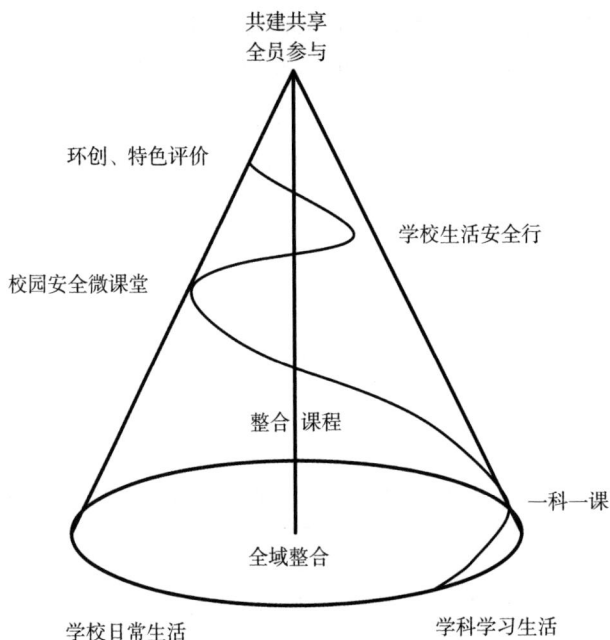

图 2 "安全 +"课程模型

5. 安全教育评价多样化

在推进"安全 +"课程的过程中，课程评价一共经历了诊断性评价、过程性评价、形成性评价三个阶段。课程推进前，以学生问卷表对一年级学生常面临的安全隐患进行意识和能力的调研，为后期学习做准备。课程推进阶段，则以天府七小积分系统"小圆片"奖励卡对学生的安全行为和安全意识进行积分。学期末，以"畦晓博悟"游园会的方式对学生安全教育进行活动式测评，以老师评、生生互评的方式，最终给安全意识强、安全技能高的学生颁发"校园小卫士""班级小卫士"等奖状。

（三）实施过程

起始年级安全教育课程研发先由教师实践，再由团队总结形成课程实施框架，再投入实践。它以"实践—提炼—实践—完善"为具体的研发流程。在整个开发过程中经历了扎实的前期调研、实验班级实践。在具体操作中形成了"日修 + 微课 + 一科一课 + 演练活动"为主要模块，安全环创、安全活动为辅的课程框架。

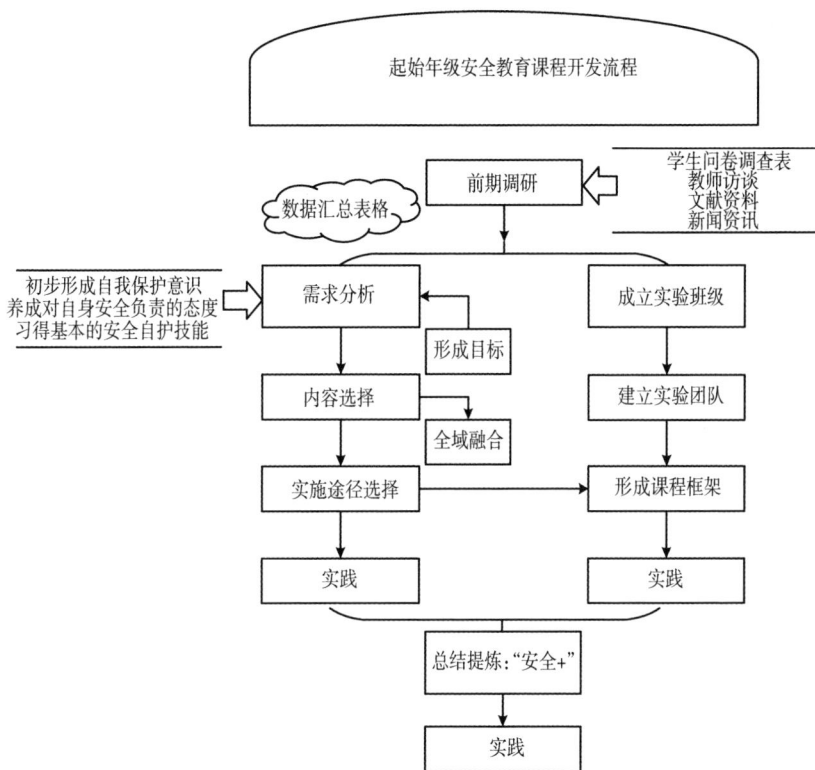

图3 "安全+"课程开发流程

在整个活动实施后，还形成了以天府七小"全域融合"课程为背景的融合共生的"安全+"课程，以安全为主线校园安全微课堂、联通学科教学和整合课学、介入学生日常管理、形成特色评价。

1. 全域融合、形式丰富

"安全+"课程最大的特色是以"全域融合"为背景，把学生日常生活、学科教学和校本课程紧密结合，根据学生特点创新安全微课堂。例如，学生在学校的日常生活中就常常暗含危险，排队、上下楼梯、课间休息等都容易造成不安全事件发生，而利用"一科一课"进行了安全常规培训、"安全微课堂"进行系统安全知识讲解后，孩子在校园"微型危机实战演练"中不断提高自我保护意识和能力。

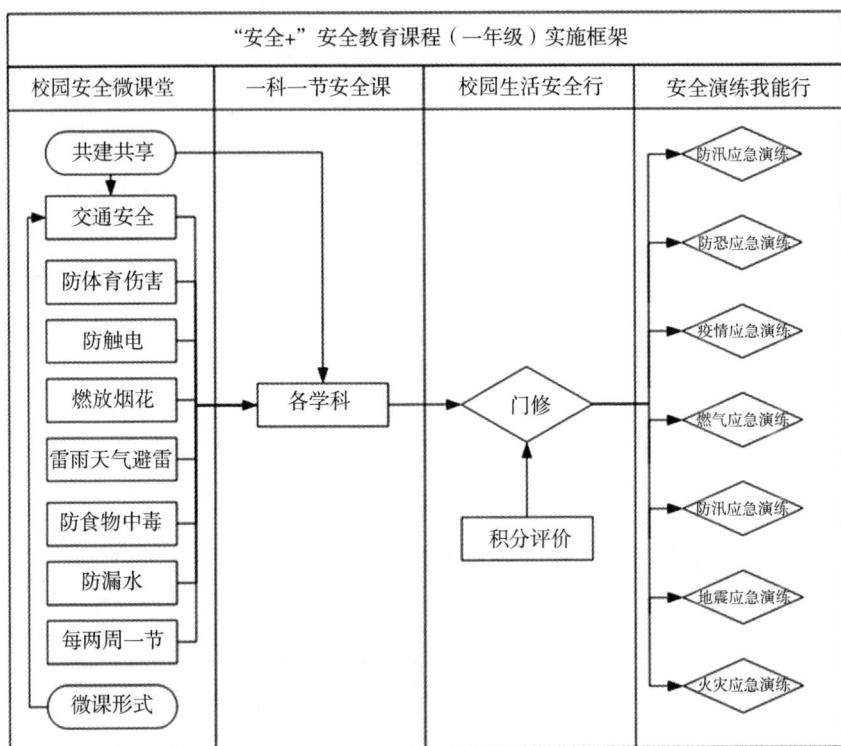

图 4 "安全＋"课程实施框架

除了将学科安全课与安全常规课进行了课上、课下的紧密融合外，学校还依托整合课程进行了安全课例的研发和实践。在"畦晓博悟·江河海"中引导孩子珍惜水资源的同时渗透防溺水的安全常识。在"畦晓博悟·校园生活"中引导孩子发现教学楼中隐藏的危险并绘制安全提示牌。在"畦晓博悟·端午节"学生缝制香包的过程中引导学生安全使用针线。

在安全教育过程中，学校结合阅读，引入大量校园绘本，让孩子们在绘画中、儿童故事中能看到危险事件与危险应对。积极组织安全竞答活动、安全行为辩论活动，让学生在活动中巩固安全意识和技能。

2. 共建共享、全员参与

在整个安全教育课程的实施中，教师是实施课程的第一主体。为了提高课程资源质量、减轻教师负担，我们以共建共享的方式，教师轮流开发课程资源一起使用。也逐渐完善全员导师制，落实"一科一节安全课"。让课上课下安全问题在全员安全导师的协助下，最大限度提高课程有效性。

3. 特色评价

课程的实施与优化都离不开评价，在"安全＋"安全教育课程的课程中，学校不仅在授课前进行了评价，还在过程性评价中采用天府七小自主研发的信息化评价系统"成长积分系统"对"安全自护"进行了数据采集。学生可以通过自身良好表现获得紫色安全自护小圆片，并扫描卡片背后的二维码进行积分。每5个积分换取一枚柒小币，柒小币可以在柒小积分超市进行兑换消费这一奖励机制，鼓励学生在日常表现中做到安全自护。

除此之外，在学期末的游园会中学校也会设置安全知识问答，进行游戏闯关。在教室外墙布置上，我们也将学生的优秀安全提示作品进行了展示。

（四）总结

安全教育是各阶段教育的重中之重，网罗各方资源、根据校情形成适宜的校本、班级安全课程是每一个学校、班级可以积极尝试的事情。在课程开发与实践过程中提高教师对安全教育的认识，结合具体情况最大限度提升课程有效性，让安全能够彻底铭记于学生心中。"安全＋"安全教育课程已经初见成效，课程的受益学生在安全意识和安全自护能力上已经有了很大提升，因此继续拓展"安全＋课程的系列课程"、继续开展丰富的"安全＋"主题活动、演练活动是我们需要持续努力的事情。

五 新时代背景下小学安全层次管理实践

新时代的学校教育要紧密围绕立德树人的根本任务。要落实这一根本任务，安全是基础。习近平总书记不止一次讲到安全生产的重要性。作为基础教育的起始阶段，小学的学校管理工作中，安全是一切工作的前提，是教学秩序、教学质量的基础保障。凡事预则立，不预则废，学校安全管理不能见子打子、疲于应付，应该有顶层设计与提前谋划。在一岗双责的基本职责体系下，全体教职员工同时也作为安全管理人员，尤其需要更新观念、掌握技巧、熟记流程、懂得应对。

（一）问题的提出

成都市太平小学位于成都市盛世路 66 号，占地面积 9.8 亩，建筑面积 5095 平方米，有教学楼两栋。截至 2021 年 1 月，有 23 个教学班，学生近 900 人，随迁人员子女占六成以上。

学校所面临的安全挑战主要由全校只有一个厕所、一个校门，学生如厕和上下学集中时段带来的。总体而言，太平小学面临的安全压力总体不大，一是学生人数不多，班额较小；二是校园周边在社区协助下，安全环境相对较好。由此，学校安全管理没有特别要聚焦的问题，这也就促使学校从整体上去思考学校的安全管理，建构管理的模型，全面推动学校安全工作。

太平小学基于校情特点，建构了四个层次的工作模式：一是观念认识层；二是物质基础层；三是制度保障层；四是行动执行层（见图 5）。

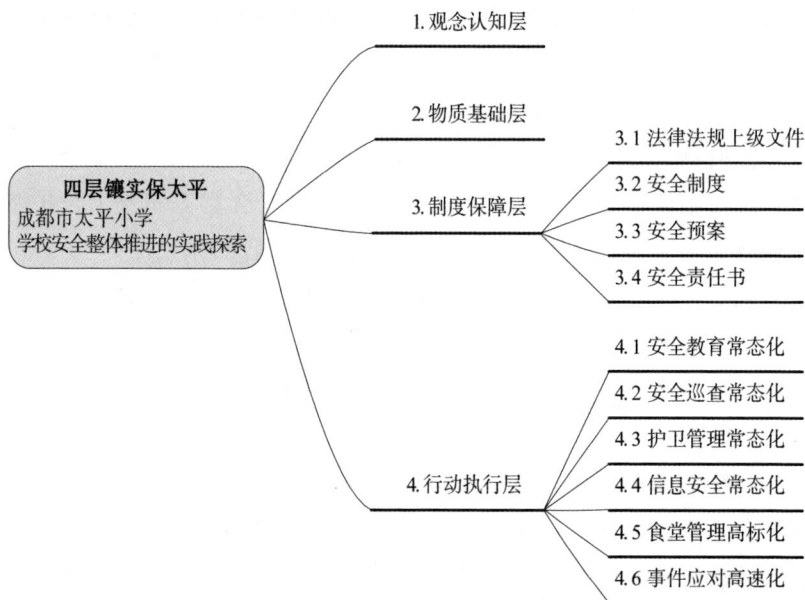

图5 成都市太平小学四个层次的工作模式

（二）观念认识层达成共识

在观念认识层，着重通过"大会小会反复讲，标语横幅常念叨"的方式，向全校教职工传达安全管理的基本理念，通过案例警示与剖析强化安全管理基本认识，完成安全观念植入大脑、深入灵魂、变成习惯。传达并让全校教职员工达成的共识包括以下几点。

共识1：党政同责、一岗双责、齐抓共管、失职追责。

共识2：安全是人的第二需要（马斯洛），安全是学校的第一工作。

共识3：安全来自长期警惕，事故源于瞬间麻痹。

共识4：学校安全工作时态永远是现在进行时。

共识5：学校安全工作的目标一是零安全事故，二是师生安全意识不断提高，安全责任感不断增强，安全知识不断丰富。

共识6：安全检查、安全研判、安全演练、安全推演能有效减少安全事故的发生。

共识7：安全管理两大原则——一是第一响应人原则；二是突出四个重点原则。第一响应人是当校园安全事件时，第一时间到达或正处于现场，能够立即通过组织、指挥、管理和控制等方式，开展紧急救援的人。突出四个重点，包括：（1）关注重点区域，如校门、楼道、厕所、阳台、自行车棚等；（2）盯紧重点时段，如上下学、开学、放假、周一、周五等；（3）关心重点人群，如特殊儿童、问题学生、一年级和六年级学生等；（4）盯牢重点学科：体育、科学、信息技术等。

（三）物质基础层消除隐患

1. 保障校内硬件设施设备的安全

一是教室内。所有电插座闲置空安上安全保护塞，所有书桌、柜子都不得摆放在前后门出口，书桌、柜子等高处都不摆放盆花和重物等。

二是走廊楼道。在保障安全通道畅通的情况下封闭部分危险镂空区域，在地面贴上地贴指示路线，尽可能多地悬挂"请勿攀爬"的警示标志，走廊转角处地面均贴上警示碰撞的地贴，所有楼梯均用麻绳缠绕一段防止学生溜滑扶手。

三是门卫室和校门口。按照安全要求备足备齐相关设施，安装好一键报警装置，安装好防冲撞设备。

四是添置专用设备，包括联系成都高新减灾所安装地震报警系统，安装直饮水设备保障饮水安全，添加多台碎纸机处理如学生学籍表等敏感文件。

五是露天空间。通过购买服务将学校多年失修、坑坑洼洼的操场更换成了悬浮底板和人造草坪组合的操场，彻底解决学生活动区域的安全隐患问题。

2. 保障校园周边的安全

我们通过社区、街道的力量，完成了校门外歪斜电杆的维护，清理了围墙外杂乱悬空的光纤线缆，更换了校门外的家长等候座椅，规范了共享单车的停放秩序等。

（四）制度保障层厘清权责

1. 不断学习法律法规明晰上级要求

通过教师会宣讲，印发学习材料等方式，让老师们了解《消防法》《成都市学校安全防范标准（试行)》《中小学幼儿园应急疏散演练指南》《中小学校设计规范》《建筑灭火器配置设计规范》《侵权责任法》《民法典》等相关内容。

2. 编制修订安全制度文件

近年来，学校不断编制、修订完善了《常规安全管理制度》《门卫管理制度》《校园车辆进出制度》《校园护卫队工作制度》《体育器材与室外体育课安全管理制度》，以及《上放学方式告知学校制度》《食品安全管理制度》《教学事故处理办法》等。在学校的"白杨社区"网站上，将制度逐条公布，随时更新并公布。

3. 编制、修订安全预案

在学校安全管理手册中，加入了防疫应对预案、各类突发紧急事件的各类预案。另外，针对参与社会实践、研学旅行、小一登记、延时服务等单项工作，也出台了专项安全预案，用来应对处置突发事件。

4. 签订安全责任书

每学年跟所有科任教师和值周教师签订安全责任书，跟所有班主任老师签订安全责任书，跟所有行政干部就分管工作签订安全责任书。

（五）行动执行层"六化"安全

1. 安全教育常态化

首先是安全教育内容课程化。通过编制出台班级安全教育材料作为"中小学安全教育平台"的内容补充，详细呈现了课间活动、校园公共水电气设备使用、卫生打扫与教室装饰、上下楼、社会实践、危险玩具与设备、家长接送、室外课上课、家里用火用电、防溺水、狂犬病、无人机禁飞等各类安全教育内容。

其次是安全教育途径全域化。一是雷打不动的安全教育时间：每天晨会讲安全，全校升旗仪式谈安全，午休午管说安全，放学前五分钟强调安全，每周一节班队课讲安全，每周《生活生命与安全》课讲安全，每逢大小长假放假前强调安全，新生入学与学期开学第一讲安全等。二是丰富多样的常规安全教育途径。比如钉钉群向家长谈安全、学校的教师钉钉群向教师提安全；全校教师会、班主任工作会、行政会谈安全；中午校园广播集体授课讲安全；班队活动课、生活生命与安全课；橱窗板报标语等宣传安全；告家长书的家校合作讲安全。特别是学校德育课程中，专门在每年的6月设定为"生命"主题教育月，聚焦"生命安全"教育开展系列教育活动，进而落实《中小学生守则》的"珍爱生命保安全"的要求。

最后是安全教育方式务实化。我们通过榜样示范法向学生讲身边那些安全生活的榜样，那些成功处理突发安全事件的例子；通过活动事件诊断，录制课间视频，现场诊断；通过案例警示，如昆明事件、鞭炮炸掉窨井盖事件、公路车祸事件、达州零食死亡事件等，警示学生重视生命安全；通过知识讲授告诉学生什么活动是安全的、什么活动是危险的，以及什么该做、什么不该做。

2. 安全巡查常态化

首先是校内巡查常态化。每天到校的行政干部落实安全例行巡查；每月检查一次班主任教师安全教育记录，每月所有的教室、功能室和办公室都要求轮流排查，然后在钉钉上填报"安全隐患排查日志"；每周一次行政分年级落实隐患排查，楼道值日教师定时定点值岗巡查，期初期末全校总动员全面排查；遇到大风、暴雨恶劣天气立即排查；每逢节假日落实全程值岗巡查。通过钉钉平台，学校实行安全隐患处理速报制度，第一时间发现问题，第一时间拍照提交维护申请，第一时间解决处理。

其次是校园周边巡查常态化。每月不定期进行门口商店三无食品、危险玩具排查预警，辖区街道联系城管、综治、交警到岗协助。

3. 护卫管理常态化

在重点时段安排门卫定点值岗，比如大课间后的厕所秩序维持。学校建有男性教师组成的校园护卫队，教师护卫队员所在办公室配置随手安防器械，定期开展防暴恐演练。

4. 信息安全常态化

学校非常重视信息安全管理。一是对各班收取的学生、家长的个人信息加强管理，要求相关材料装档专盒保管，过期材料一律在粉碎后才丢弃。二是对教师的所有个人信息，特别是电子信息进行备份，对行政管理的各类平台密码定期更换。三是每班设立安全管理小助手，及时升级各班电脑病毒库，每周全盘杀毒一次并随机抽查教师办公室电脑病毒库升级和杀毒维护情况。

5. 食堂管理高标化

学校食堂及食品安全管理严格按照上级相关部门要求，高标准落实各项安全措施，比如食堂内外安设监控明厨亮灶，食堂配餐间消毒和防鼠防蟑螂设备安装，严格执行食品到货验收制度，每日严格进行晨检、消毒、留样等各项工作以及所购食品坚持索要检验报告及网上溯源。此外，学校加强学生外带食品管理，要求门卫严把校门关，各班加强教育，从而杜绝不安全食品入校。

6. 事件应对高速化

学校在面对安全事件时，建立了"五个立即"的应对流程，即第一响应人立即报告，安全预案立即启动，有能力相关方或岗位责任人立即就位，法律援助立即介入，舆论先机立即抢占。通过"五个立即"保障安全事件的有效处置，确保影响程度降到最低。

（六）结语

通过"四个层次"的安全管理体系整体推进，太平小学全校教师树立了人人都是安全管理者的责任意识，尽可能降低安全隐患。通过系化、动态化的制度建设，让安全管理在制度、预案和实施层面有规可依、有据可查，教师安全管理责任落实。在学生安全教育管理上，通过全方位、多角度的宣传、教育施加影响，有效达成了学校安全"零事故"的工作目标。

在具体实施过程中，在整体推进的基础上，做到有侧重、有阶段和有重点。一方面，制度建设要跟上形势，跟上学校的发展需要，跟上校情学情。另一方面，学生安全管理是学校安全工作的重中之重，安全教育的层面、维度、内容随时更新。另外，在国家安全日益被强调的背景下，加入国家安全的教育内容，建立起个人安全、学校与家庭安全、社会安全和国家安全的整体观念。

参考文献

一　中文文献

（一）著作

金盛华主编:《社会心理学》,高等教育出版社 2005 年版。

鞠玉翠:《中学危机管理实务》,中国轻工业出版社 2009 年版。

[法] 让 - 诺埃尔·卡普费雷:《谣言》,郑若麟译,上海人民出版社 2008 年版。

[美] 道格拉斯·诺思:《制度、制度变迁与经济绩效》,杭行译,格致出版社、上海三联书店、上海人民出版社 2008 年版。

[美] 赫伯特·西蒙:《管理行为》,詹正茂译,机械工业出版社 2013 年版。

[英] 尼克·皮金、[美] 罗杰·E. 卡斯帕森:《风险的社会放大》,谭宏凯译,中国劳动社会保障出版社 2010 年版。

（二）论文

蔡建淮:《浅析高校突发事件应急管理中各主体角色的作用》,《新视野》 2011 年第 5 期。

陈光辉、杨晓霞、张文新:《芬兰反校园欺凌项目 KiVa 及其实践启示》,《中国特殊教育》2018 年第 9 期。

陈向明:《社会科学中的定性研究方法》,《中国社会科学》1996 年第 6 期。

陈向明:《扎根理论在中国教育研究中的运用探索》,《北京大学教育评论》2015 年第 1 期。

陈毅、张志扬、刘梦伟:《高校师生网络电信类诈骗案件防范研究》,《法制博览》2020 年第 33 期。

戴焰军：《习近平总书记为何强调这七种能力——基于干部能力、干部素质和党的执政能力的内在联系角度》，《人民论坛》2020 年第 30 期。

方芳：《从司法案例大数据反观学校在校园安全事故中的责任与限度》，《现代教育管理》2017 年第 6 期。

高申春：《自我效能理论评述》，《心理发展与教育》2000 年第 1 期。

高虓源、张桂蓉、孙喜斌、杨芳瑛：《公共危机次生型网络舆情危机产生的内在逻辑——基于 40 个案例的模糊集定性比较分析》，《公共行政评论》2019 年第 4 期。

高小平、彭涛：《学校应急管理：特点、机制和策略》，《中国行政管理》2011 年第 9 期。

葛冬冬：《"全人发展"教育理念下大学生安全教育探索》，《北京教育》（高教版）2008 年第 1 期。

韩志明：《问题解决的信息机制及其效率——以群众闹大与领导批示为中心的分析》，《中国行政管理》2019 年第 4 期。

韩志明：《在模糊与清晰之间———国家治理的信息逻辑》，《中国行政管理》2017 年第 3 期。

韩自强：《应急管理能力：多层次结构与发展路径》，《中国行政管理》2020 年第 3 期。

郝宁、袁欢、敖然、刘玫瑰：《中小学教师应急能力结构模型》，《上海教育科研》2013 年第 7 期。

郝雅立：《公共冲突中的社会预期管理：目标、信念与制度环境》，《中国行政管理》2018 年第 7 期。

贺静霞：《基于利益相关者理论的校园安全治理体系建构》，《教育科学研究》2019 年第 2 期。

胡倩：《应急管理组织间网络研究的新进展》，《公共管理与政策评论》2020 年第 1 期。

胡荣、沈珊：《家庭资本与初中校园欺凌的关系问题》，《求索》2018 年第 5 期。

胡泳：《新词探讨：回声室效应》，《新闻与传播研究》2015 年第 22 期。

华智亚：《风险沟通与风险型环境群体性事件的应对》，《人文杂志》2014

年第 5 期。

黄向阳：《学生中的欺凌与疑似欺凌——校园欺凌的判断标准》，《全球教育展望》2020 年第 9 期。

籍庆利：《中国责任政府的回应机制：问题与出路——以群体性事件的发生与治理为视角》，《当代世界与社会主义》2013 年第 5 期。

李粮：《同事关系与企业高质量发展——基于非正式制度视角的研究》，《经济问题》2021 年第 9 期。

李蔚、何海兵：《定性比较分析方法的研究逻辑及其应用》，《上海行政学院学报》2015 年第 5 期。

刘国乾：《群体性事件中群众合理诉求的处置策略》，《学术探索》2015 年第 9 期。

刘锐：《地方重大舆情危机特征及干预效果影响因素——基于 2003 年以来 110 起地方政府重大舆情危机的实证分析》，《情报杂志》2015 年第 6 期。

骆郁廷、骆虹：《论大学生网络谣言辨识力的提升》，《思想理论教育》2020 年第 3 期。

毛晶、王文棣：《学校危机管理体系研究》，《教育理论与实践》2015 年第 16 期。

潘庸鲁：《谣言在群体性事件中的生成和消解研究》，《学术探索》2013 年第 2 期。

庞明礼：《领导高度重视：一种科层运作的注意力分配方式》，《中国行政管理》2019 年第 4 期。

浦天龙、良警宇：《我国应急产业发展的制度构建》，《甘肃社会科学》2021 年第 5 期。

钱坤：《从"治理信息"到"信息治理"：国家治理的信息逻辑》，《情报理论与实践》2020 年第 7 期。

冉景太：《高校校园安全文化建设评价研究》，《未来与发展》2020 年第 7 期。

任曦、王妍、胡翔、杨娟：《社会支持缓解高互依自我个体的急性心理应激反应》，《心理学报》2019 年第 4 期。

沙勇忠、解志元：《论公共危机的协同治理》，《中国行政管理》2010 年第 4 期。

申霞：《我国应急管理的四大转变》，《人民论坛》2020 年第 4 期。

宋月琴：《计划行为理论与教师信念研究》，《教育理论与实践》2015 年
　　第 16 期。

孙德超、曹志立：《群体性事件的新趋势、成因及预防策略》，《东北师大
　　学报》(哲学社会科学版) 2015 年第 5 期。

唐钧、黄莹莹：《校园安全的新形势与新对策》，《中国减灾》2012 年第
　　17 期。

王宏伟、岳秀峰、潘松、王智勇、赵虹、安庆玉、徐品良：《青少年校园
　　暴力与学习成绩关系分析》，《中国学校卫生》2013 年第 10 期。

吴静静：《挖掘班级"突发事件"的育人价值》，《教学与管理》2020 年
　　第 2 期。

徐宪平、鞠雪楠：《互联网时代的危机管理：演变趋势、模型构建与基本
　　规则》，《管理世界》2019 年第 35 期。

许倩：《构建"以学生为中心"的高校风险沟通新模式》，《高校学生工
　　作研究》2021 年第 7 期。

许倩：《强教育与弱感知：高校安全教育中正式和非正式制度对大学生风
　　险感知的影响——基于电信诈骗的多案例研究》，《广州大学学报》(社
　　会科学版) 2022 年第 2 期。

颜志宏、陈远爱、刘诗艺：《大学生被电信网络诈骗类型、原因以及对策
　　研究》，《法制博览》2021 年第 23 期。

阳镇、陈劲、凌鸿程：《地区关系文化、正式制度与企业双元创新》，《西
　　安交通大学学报》(社会科学版) 2021 年第 5 期。

杨安华：《教师灾害培训与学校灾害管理能力建设——基于日本兵库县学
　　校教师应急救援队的分析》，《贵州师范学院学报》2014 年第 10 期。

杨立华、程诚、刘宏福：《政府回应与网络群体性事件的解决——多案例
　　的比较分析》，《北京师范大学学报》(社会科学版) 2017 年第 2 期。

姚东升、邬宏伟、沈彦骅：《"校园无诈"何以可能？——高校电信网络
　　诈骗打击防范困境破解》，《武汉公安干部学院学报》2020 年第 2 期。

姚军玲、闫东：《校园重大突发事件应急管理的国际经验与启示》，《焦作
　　师范高等专科学校学报》2019 年第 4 期。

于建嵘：《当前我国群体性事件的主要类型及其基本特征》，《中国政法大学学报》2009 年第 6 期。

战明侨、柳青：《中小学教师校园应急处置能力培训探讨》，《卫生职业教育》2013 年第 11 期。

张凤娟、刘永兵：《影响中学英语教师信念的多因素分析》，《外语教学与研究》2011 年第 3 期。

张桂蓉、顾妮：《中国中小学生校园欺凌相关因素的 meta 分析》，《中国心理卫生杂志》2022 年第 1 期。

张桂蓉、李婉灵：《校园为何成为孩子们成长的"灰色地带"？——基于 3777 名学生的校园欺凌现状调查与原因分析》，《风险灾害危机研究》2017 年第 3 期。

张桂蓉、张颖、顾妮：《学校反欺凌氛围对教师预防型干预行为的影响：干预信念的中介作用》，《广州大学学报》（社会科学版）2022 年第 2 期。

张桂蓉：《后真相时代校园危机管理如何实现"抽薪止沸"？》，《南京社会科学》2020 年第 7 期。

张桂蓉：《校园安全事件良性演化的影响因素研究——基于 20 个案例的模糊集定性比较分析》，《安全》2022 年第 2 期。

张海波、童星：《专栏导语：中国校园安全研究的起步与深化》，《风险灾害危机研究》2017 年第 3 期。

张海波：《大数据的新兴风险与适应性治理》，《探索与争鸣》2018 年第 5 期。

张海波：《应急管理的全过程均衡：一个新议题》，《中国行政管理》2020 年第 3 期。

张海波：《作为应急管理学独特方法论的突发事件快速响应研究》，《公共管理与政策评论》2021 年第 3 期。

张乐、童星：《安全生产风险治理领域的突出矛盾及化解思路——基于 29 起重特大危化品事故的分析》，《广州大学学报》（社会科学版）2021 年第 6 期。

张乐、童星：《日常风险治理的安全网与结构洞——基于天津港 8.12 事故的案例分析》，《社会科学研究》2019 年第 5 期。

张宇、王建成：《突发事件中政府信息发布机制存在的问题及对策研究——基于 2015 年"上海外滩踩踏事件"的案例研究》，《情报杂志》2015 年第 5 期。

张振洋：《精英自主性、非正式制度与农村公共产品供给——基于"香烟钱"制度的个案研究》，《公共管理学报》2019 年第 4 期。

赵雷、黄雪梅、陈红敏：《电信诈骗中青年受骗者的信任形成及其心理——基于 9 名 90 后电信诈骗受骗者的质性分析》，《中国青年研究》2020 年第 3 期。

周宇、崔延强：《新时代教师安全素质培养体系的构建》，《教师教育学报》2020 年第 1 期。

朱力：《中国社会风险解析——群体性事件的社会冲突性质》，《学海》2009 年第 1 期。

朱顺应、王淑钰、邹禾、王红：《公交信息的乘客光环效应》，《交通运输系统工程与信息》2019 年第 3 期。

祝阳、雷莹：《网络的社会风险放大效应研究——基于公共卫生事件》，《现代情报》2016 年第 36 期。

庄锦英：《情绪与决策的关系》，《心理科学进展》2003 年第 4 期。

二　英文文献

（一）著作

Committee on the Biological and Psychococial Effects of Peer Victimization, et al. , *Preventing Bullying Through Science*, *Policy*, *and Practice*, Washington, D. C. : National Academies Press, 2016.

D. Smawfield, *Education and Natural Disasters*, New York: Bloomsbur, 2013.

I. Ajzen, *Attitudes*, *Personality*, *and Behavior*, Maidenhead: Open University Press, 2005.

J. Kenardy, et al. , *Childhood Trauma Reactions: A Guide for Teachers from Preschool to Year 12（Teachers Manual and Tip Sheet Series）*, School of Medicine, University of Queensland, 2011.

L. Richards, *Using NVIVO in Qualitative Research*, London: SAGE Publications, 1999.

R. Keye, *The Post – Truth Era: Dishonesty and Deception in Contemporary Life*, New York: St. Martin's Press, 2004.

V. T. Covello, D. von Winterfeldt, P. Slovic, *Risk Communication: An Assessment of the Literature on Communicating Information about Health, Safety, and Environmental Risks*, Los Angeles, CA: Institute of Safety and Systems Management, University of Southern California, 1986.

（二）论文

A. R. Elangovan, S. Kasi, "Psychosocial Disaster Preparedness for School Children by Teachers", *International Journal of Disaster Risk Reduction*, Vol. 1, 2015.

A. Sakurai, M. B. F. Bisri, T. Oda, R. S. Oktari, Y. Murayama, Nizammudin, M. Affan. "Exploring Minimum Essentials for Sustainable School Disaster Preparedness: A Case of Elementary Schools in Banda Aceh City, Indonesia", *International Journal of Disaster Risk Reduction*, Vol. 29, 2018.

A. Thapa, J. Cohen, S. Guffey, et al., "A Review of School Climate Research", *Review of Educational Research*, Vol. 3, 2013.

B. Heuckmann, R. Hammann Marcus, Asshoff, "Using the Theory of Planned Behaviour to Develop a Questionnaire on Teachers' Beliefs about Teaching Cancer Education", *Teaching and Teacher Education*, Vol. 75, 2018.

B. Omidvarden, K. Kayvan, T. S. Sadegh, D. Hassan, "Disaster Management Structure of Universities: Case Study of the Central Campus of the University of Tehran", *Disaster Medicine and Public Health Preparedness*, Vol. 6, 2017.

B. Pfefferbaum, J. A. Shaw, "Practice Parameter on Disaster Preparedness", *Journal of the American Academy of Child & Adolescent Psychiatry*, Vol. 11, 2013.

C. Mutch, "Quiet heroes: Teachers and the Canterbury, New Zealand, Earthquakes", *Australasian Journal of Disaster and Trauma*, Vol. 2, 2015.

C. P. Bradshaw, A. L. Sawyer, L. M. O' Brennan, "Bullying and Peer Victimization at School: Perceptual Differences between Students and School Staff", *School Psychology Review*, Vol. 3, 2007.

D. Baraldsnes, "Bullying Prevention and School Climate: Correlation between

Teacher Bullying Prevention Efforts and Their Perceived School Climate", *International Journal of Developmental Science*, Vol. 3, 2020.

D. Sibel, "The Effect of Constructivist and Traditional Learning Environment on Student Teachers' Educational Beliefs", *Pamukkale University Journal of Education*, Vol. 36, 2014.

E. Alisic, et al. , "Teachers' Experiences Supporting Children after Traumatic Exposure", J*ournal of Traumatic Stress*, Vol. 1, 2012.

E. S. Rolfsnes, T. Idsoe, "School – based Intervention Programs for PTSD Symptoms: A Review and Meta – analysis", *Journal of Traumatic Stress*, Vol. 2, 2011.

E. L. Thorndike, "A Constant Error in Psychological Ratings", *Journal of Applied Psychology*, Vol. 1, 1920.

I. Ajzen, "The Theory of Planned Behavior", *Organizational Behaviour and Human Decision Processes*, Vol. 2, 1991.

I. Prezelj, "Improving Inter – organizational Cooperation in Counterterrorism: Based on a Quantitative SWOT Assessment", *Public Management Review*, Vol. 2, 2015.

J. H. Kallestad, D. Olweus, "Predicting Teachers' and Schools' Implementation of the Olweus Bullying Prevention Program: A Multilevel Study", *Prevention & Treatment*, Vol. 6, 2003.

J. Ian , Deary, "Measuring Stress: A Guide for Health and Social Scientists", *Journal of Psychosomatic Research*, Vol. 2, 1996.

J. Yoon, S. Bauman, "Teachers: A Critical but Overlooked Component of Bullying Prevention and Intervention", *Theory Into Practice*, Vol. 4, 2014.

K. Jung, M. Song, "Linking Emergency Management Networks to Disaster Resilience: Bonding and Bridging Strategy in Hierarchical or Horizontal Collaboration Networks", *Quality & Quantity*, Vol. 4, 2015.

K. Kim, H. Y. Yoon, K. Jung, "Resilience in Risk Communication Networks: Following the 2015 MERS Response in South Korea", *Journal of Contingencies and Crisis Management*, Vol. 3, 2017.

L. K. Comfort, K. Ko, A. Zagorecki, "Coordination in Rapidly Evolving Disaster Response Systems the Role of Information", *American Behavioral Scientist*, *Vol.* 3, 2004.

L. M. Brennan, T. E. Waasdorp, C. P. Bradshaw, et al., "Strengthening Bullying Prevention through School Staff Connectedness", *Journal of Educational Psychology*, Vol. 3, 2014.

L. Parmenter, "Community and Citizenship in post Disaster Japan: The Roles of Schools and Students", *Journal of Social Science Education*, Vol. 11, 2012.

M. Fischer, L. B. Saskia, "Teachers' Self – efficacy in Bullying Interventions and their Probability of Intervention", *Psychology in the School*, Vol. 5, 2019.

M. Kathleen, Eisenhardt, et al., "Theory Building from Cases: Opportunities and Challenges", *The Academy of Management Journal*, Vol. 1, 2007.

M. W. Beets, B. R. Flay, et al., "School Climate and Teachers' Beliefs and Attitudes Associated with Implementation of the Positive Action Program: A Diffusion of Innovations Model", *Prevention Science*, Vol. 4, 2008.

N. Kapucu, "Interagency Communication Networks during Emergencies Boundary Spanners in Multiagency Coordination", *The American Review of Public Administration*, Vol. 2, 2006.

N. Kapucu, S. Khosa, "Disaster Resiliency and Culture of Preparedness for University and College Campuses", *Administration & Society*, Vol. 1, 2013.

P. O'Connor, N. Takahashi, "From Caring about to Caring for Case Studies of New Zealand and Japanese Schools Post Disaster", *Pastoral Care in Education: An International Journal of Personal, Social and Emotional Development*, Vol. 1, 2014.

R. E. Kasperson, O. Renn, P. Slovic, et al., "The Social Amplification of Risk: A Conceptual Framework", *Risk Analysis*, Vol. 2, 1998.

S. O. Choi, R. S. Brower, "When Practice Matters more than Government Plans A Network Analysis of Local Emergency Management", *Administration & Society*, Vol. 6, 2006.

S. W. Wong, Cheng Dennis, H. K. Christopher, M. Ngan, H. Raymond, et al. , "Program Effectiveness of a Restorative Whole – School Approach for Tackling School Bullying in Hong Kong", *International Journal of Offender Therapy and Comparative Criminology*, Vol. 6, 2011.

Van Verseveld, R. G. Fukkink, M. Fekkes, et al. , "Effects of Antibullying Programs on Teachers' Interventions in Bullying Situations, A Meta – analysis", *Psychology In the Schools*, Vol. 9, 2019.

Xinyi Zhou, Yangqiuyan Shi, Xinyang Deng, Yong Deng, "D – DEMATEL: A New Method to Identify Critical Success Factors in Emergency Management", *Safety Science*, Vol. 91, 2017.

后　记

经过中国应急管理学会校园安全专业委员会和全体编写人员共同努力，《中国应急教育与校园安全发展报告 2022》顺利编写完成，由中国社会科学出版社出版面世。

本书以年度报告的形式，整理、归纳和分析了 2021 年应急教育与校园安全的发展状况，借鉴和引用了大量法规、论文、著作、新闻报道等资料，书中注释已注明出处。对此，我们向全部资料的所有者、起草者、署名作者致以诚挚的谢意！

本书由中国应急管理学会校园安全专业委员会主任委员高山担任主编，秘书长张桂蓉担任副主编，负责全书的总体策划、框架确定和审阅定稿。本书以文责自负原则，由来自校园安全专业委员会的研究人员共同撰写，具体作者如下：第一章为高山、朱柏安（中南大学）；第二章为王超（中国矿业大学）；第三章为张桂蓉、冯伟、曹子璇（中南大学）；第四章为郭春甫、唐敬（西南政法大学）；第五章为张桂蓉、赵维、文颖、雷雨（中南大学）；第六章为许倩、马兆晨、李鹏程（兰州大学）；附录由李润州（中南大学）编辑，各个部分的作者如下：第一部分为冉桦（四川蓉桦律师事务所）、杨波（成都大学）、高丹丽（四川蓉桦律师事务所），第二部分为李鹏程（广西博白县龙潭镇第二初级中学），第三部分为熊薪（成都师范附属小学），第四部分为詹妍婷（四川天府新区第七小学），第五部分为罗正忠（成都市太平小学）、胡敬诗（成都市泡桐树小学西区分校）。此外，朱猛、方佳、刘涵青、胡锦东四位硕士生和本科生余浩然（中南大学）参与了本书的数据收集、整理工作。中国应急管理学会会长洪毅先生、中国应急管理学会秘书长杨永斌先生对本书的出版给予了支持，对此谨致谢忱！同时，本书也是中南大学社会稳定风险研究评估中心的研究人员共同努力的成果。最后，特别感谢中国社会科学出版社王琪老师的鼎力支持。由于编写者水平有限，时间仓促，书中难免存在不足之处，编委会恳请广大读者不吝指正，我们将在今后的工作中不断完善！

　　本书的编写得到了中南大学中央高校基本科研业务费专项资金资助，是湖南省教育科学教育舆情与风险防控研究基地研究人员的共同成果。

编　者

2022 年 8 月